DIGITAL
CONSTRUCTION

"十三五"国家重点图书出版规划项目
国家自然科学基金重点项目（51538006）
中国工程院重点咨询项目（2019-XZ-029）

国家出版基金项目
NATIONAL PUBLICATION FOUNDATION

丛书编委会主任｜丁烈云

数字建造｜设计卷

数字建筑设计理论与方法
Digital Architecture Design: Theories and Methods

徐卫国｜著
Xu Weiguo

中国建筑工业出版社

图书在版编目（CIP）数据

数字建筑设计理论与方法 / 徐卫国著. — 北京：中国建筑工业出版社，2019.10（2023.4 重印）
（数字建造）
ISBN 978-7-112-24081-4

Ⅰ.①数… Ⅱ.①徐… Ⅲ.①数字技术－应用－建筑设计－研究
Ⅳ.①TU201.4

中国版本图书馆CIP数据核字（2019）第172018号

　　数字建筑设计是数字建造的基础，本书系统地阐述了数字建筑设计的理论和方法。基于15年来的研究与实践，作者在书中分10章论述了数字建筑设计的相关问题，包括数字建筑设计的起源、数字设计的复杂性科学基础、复杂形态与计算模拟、哲学思想与数字设计、数字图解设计理论、参数化数字设计方法、数字建构思想与手法、数字设计及数字建造的工具、数字建筑设计建造的精度控制、数字建筑设计建造的产业前景等。

　　本书可为建筑师、相关专业研究人员、教师及学生的数字建筑设计实践与研究提供方法与理论基础，同时，它也可为数字建造全产业链其他专业或行业如建筑结构、建筑水暖电、建筑构件加工、建筑施工组织、建筑智能建造、建筑运维管理、建筑信息模型等，提供理论与方法的参考。

总　策　划：沈元勤
责任编辑：赵晓菲　朱晓瑜
责任校对：王　瑞
书籍设计：锋尚设计

数字建造｜设计卷
数字建筑设计理论与方法
徐卫国　著
*
中国建筑工业出版社出版、发行（北京海淀三里河路9号）
各地新华书店、建筑书店经销
北京锋尚制版有限公司制版
北京中科印刷有限公司印刷
*
开本：787×1092毫米　1/16　印张：18¼　字数：224千字
2019年12月第一版　2023年4月第四次印刷
定价：108.00元
ISBN 978 – 7 – 112 – 24081 – 4
　　　　（34584）

《数字建造》丛书编委会

丛书序言

伴随着工业化进程，以及新型城镇化战略的推进，我国城市建设日新月异，重大工程不断刷新纪录，"中国制造、中国创造、中国建造共同发力，继续改变着中国的面貌"。

建设行业具备过去难以想象的良好发展基础和条件，但也面临着许多前所未有的困难和挑战，如工程的质量安全、生态环境、企业效益等问题。建设行业处于转型升级新的历史起点，迫切需要实现高质量发展，不仅需要改变发展方式，从粗放式的规模速度型转向精细化的质量效率型，提供更高品质的工程产品；还需要转变发展动力，从主要依靠资源和低成本劳动力等要素投入转向创新驱动，提升我国建设企业参与全球竞争的能力。

现代信息技术蓬勃发展，深刻地改变了人类社会生产和生活方式。尤其是近年来兴起的人工智能、物联网、区块链等新一代信息技术，与传统行业融合逐渐深入，推动传统产业朝着数字化、网络化和智能化方向变革。建设行业也不例外，信息技术正逐渐成为推动产业变革的重要力量。工程建造正在迈进数字建造，乃至智能建造的新发展阶段。站在建设行业发展的新起点，系统研究数字建造理论与关键技术，为促进我国建设行业转型升级、实现高质量发展提供重要的理论和技术支撑，显得尤为关键和必要。

数字建造理论和技术在国内外都属于前沿研究热点，受到产学研各界的广泛关注。我们欣喜地看到国内有一批致力于数字建造理论研究和技术应用的学者、专家，坚持问题导向，面向我国重大工程建设需求，在理论体系建构与技术创新等方面取得了一系列丰硕成果，并成功应用于大型工程建设中，创造了显著的经济和社会效益。现在，由丁烈云院士领衔，邀请国内数字建造领域的相关专家学者，共同研讨、组织策划《数字建造》丛书，系统梳理和阐述数字建造理论框架和技术体系，总结数字建造在工程建设中的实践应用。这是一件非常有意义的工作，而且恰逢其时。

丛书涵盖了数字建造理论框架，以及工程全生命周期中的关键数字技术和应用。其内容包括对数字建造发展趋势的深刻分析，以及对数字建造内涵的系统阐述；全面探讨了数字化设计、数字化施工和智能化运维等关键技术及应用；还介绍了北京大兴国际机场、凤凰中心、上海中心大厦和上海主题乐园四个工程实践，全方位展示了数字建造技术在工程建设项目中的具体应用过程和效果。

丛书内容既有理论体系的建构，也有关键技术的解析，还有具体应用的总结，内容丰富。丛书编写者中既有从事理论研究的学者，也有从事工程实践的专家，都取得了数字建造理论研究和技术应用的丰富成果，保证了丛书内容的前沿性和权威性。丛书是对当前数字建造理论研究和技术应用的系统总结，是数字建造研究领域具有开创性的成果。相信本丛书的出版，对推动数字建造理论与技术的研究和应用，深化信息技术与工程建造的进一步融合，促进建筑产业变革，实现中国建造高质量发展将发挥重要影响。

期待丛书促进产生更加丰富的数字建造研究和应用成果。

中国工程院院士

2019年12月9日

丛书前言

　　我国是制造大国，也是建造大国，高速工业化进程造就大制造，高速城镇化进程引发大建造。同城镇化必然伴随着工业化一样，大建造与大制造有着必然的联系，建造为制造提供基础设施，制造为建造提供先进建造装备。

　　改革开放以来，我国的工程建造取得了巨大成就，阿卡迪全球建筑资产财富指数表明，中国建筑资产规模已超过美国成为全球建筑规模最大的国家。有多个领域居世界第一，如超高层建筑、桥梁工程、隧道工程、地铁工程等，高铁更是一张靓丽的名片。

　　尽管我国是建造大国，但是还不是建造强国。碎片化、粗放式的建造方式带来一系列问题，如产品性能欠佳、资源浪费较大、安全问题突出、环境污染严重和生产效率较低等。同时，社会经济发展的新需求使得工程建造活动日趋复杂。建设行业亟待转型升级。

　　以物联网、大数据、云计算、人工智能为代表的新一代信息技术，正在催生新一轮的产业革命。电子商务颠覆了传统的商业模式，社交网络使传统的通信出版行业备感压力，无人驾驶让人们憧憬智能交通的未来，区块链正在重塑金融行业，特别是以智能制造为核心的制造业变革席卷全球，成为竞争焦点，如德国的工业4.0、美国的工业互联网、英国的高价值制造、日本的工业价值网络以及中国制造2025战略，等等。随着数字技术的快速发展与广泛应用，人们的生产和生活方式正在发生颠覆性改变。

就全球范围来看，工程建造领域的数字化水平仍然处于较低阶段。根据麦肯锡发布的调查报告，在涉及的22个行业中，工程建造领域的数字化水平远远落后于制造行业，仅仅高于农牧业，排在全球国民经济各行业的倒数第二位。一方面，由于工程产品个性化特征，在信息化的进程中难度高，挑战大；另一方面，也预示着建设行业的数字化进程有着广阔的前景和发展空间。

一些国家政府及其业界正在审视工程建造发展的现实，反思工程建造面临的问题，探索行业发展的数字化未来，抢占工程建造数字化高地。如颁布建筑业数字化创新发展路线图，推出以BIM为核心的产品集成解决方案和高效的工程软件，开发各种工程智能机器人，搭建面向工程建造的服务云平台，以及向居家养老、智慧社区等产业链高端拓展等等。同时，工程建造数字化的巨大市场空间也吸引众多风险资本，以及来自其他行业的跨界创新。

我国建设行业要把握新一轮科技革命的历史机遇，将现代信息技术与工程建造深度融合，以绿色化为建造目标、工业化为产业路径、智能化为技术支撑，提升建设行业的建造和管理水平，从粗放式、碎片化的建造方式向精细化、集成化的建造方式转型升级，实现工程建造高质量发展。

然而，有关数字建造的内涵、技术体系、对学科发展和产业变革有什么影响，如何应用数字技术解决工程实际问题，迫切需要在总结有关数字建造的理论研究和工程建设实践成果的基础上，建立较为完整的数字建造理论与技术体系，形成系列出版物，供业界人员参考。

在时任中国建筑工业出版社沈元勤社长的推动和支持下，确定了《数字建造》丛书主题以及各册作者，成立了专家委员会、编委会，该丛书被列入"十三五"国家重点图书出版计划。特别是以钱七虎院士为组长的专家组各位院士专家，就该丛书的定位、框架等重要问题，进行了论证和咨询，提出了宝贵的指导意见。

数字建造是一个全新的选题，需要在研究的基础上形成书稿。相关研究得到中国工程院和国家自然科学基金委的大力支持，中国工程院分别将"数字建造框架体系"和"中国建造2035"列入咨询项目和重点咨询项目，国家自然科学基金委批准立项"数字建造模式下的工程项目管理理论与方法研究"重点项目和其他相关项目。因此，《数字建造》丛书也是中国工程院战略咨询成果和国家自然科学基金资助项目成果。

《数字建造》丛书分为导论、设计卷、施工卷、运营维护卷和实践卷，共12册。丛书系统阐述数字建造框架体系以及建筑产业变革的趋势，并从建筑数字化设计、工程结构参数化设计、工程数字化施工、建筑机器人、建筑结构安全监测与智能评估、长大跨桥梁健康监测与大数据分析、建筑工程数字化运维服务等多个方面对数字建造在工程设计、施工、运维全过程中的相关技术与管理问题进行全面系统研究。丛书还通过北京大兴国际机场、凤凰中心、上海中心大厦和上海主题乐园四个典型工程实践，探讨数字建造技术的具体应用。

《数字建造》丛书的作者和编委有来自清华大学、华中科技大学、同济大学、东南大学、大连理工大学、香港科技大学、香港理工大学等著名高校的知名教授，也有中国建筑集团、上海建工集团、北京市建筑设计研究院等企业的知名专家。从2016年3月至今，经过诸位作者近4年的辛勤耕耘，丛书终于问世与众。

衷心感谢以钱七虎院士为组长的专家组各位院士、专家给予的悉心指导，感谢各位编委、各位作者和各位编辑的辛勤付出，感谢胡文瑞院士、丁士昭教授、沈元勤编审、赵晓菲主任的支持和帮助。

将现代信息技术与工程建造结合，促进建筑业转型升级，任重道远，需要不断深入研究和探索，希望《数字建造》丛书能够起到抛砖引玉作用。欢迎大家批评指正。

《数字建造》丛书编委会主任
2019年11月于武昌喻家山

本书前言

数字建筑：从虚拟到现实

20世纪90年代，当年轻的建筑师们通过计算软件及算法生成了那些人们从来没有见过的酷炫形态的时候，许多人为之欢呼，因为它给人们展现了崭新的形式领域，同时也开启了数字建筑设计的探索。当然这些美丽的数字图像也遭到业界的质疑，最大的问题是"它们能够进行物质化的实际建造吗"？批评和质疑也引导探索者们寻求计算图形的物质化途径。最初，制造业用数控设备加工产品的方法成为较有效的建造手段，它将数字设计文本与数控加工机床连接起来，形成从虚拟图形到物质实体的一条通道。虽然从理论上看，这是一条从数字设计到数字建造的通畅渠道，但是由于那些酷炫图形的复杂与非标准性，事实上，很长一段时间运用这种方法只能建造非常简单的小构筑物，如亭子，或者只能实现某些建筑的表皮建造，业界又再一次陷入批评及悲观的境地。

但任何时代及任何领域总存在一些有理想、有行动力的开拓者，卡斯（Kas Oosterhuis）在荷兰乌特勒支高速公路旁建成的汽车展厅（2003）以及NIO设计事务所在阿姆斯特丹以南的霍夫多尔普新城建成的汽车站（2003）给人们极大的鼓舞，让建筑师们看到了通过数字设计及数字建造途径实现完整的建筑建造的可能性。特别是后来明星建筑师们开始青睐这种设计建造方法，陆续建成了越来越多的大型公共建筑，如赫尔佐格的鸟巢、库哈斯的CCTV，以及扎哈的大量作品，中国建筑师如邵韦平的北京凤凰卫视媒体中心、马岩松的哈尔滨大剧院等，这使人们确信数字设计及数字建造是一条可行的建筑之路。可是在这同时，许多人又指责说，数字设计及数字建造只不过是大师们谋求形式新颖的试验性建筑的武器，其实，殊不知在这些建筑从设计到加工、再到施工的过程中，已经探索出一条新型的数字建筑产业链。

近年来，人们逐渐意识到我国现行建筑工业存在着种种问题，如从设计到施工各环节之间衔接不当而造成浪费；施工工地的环境污染，如扬尘、噪声等；由于误差或施工质量问题造成能源的浪费；特别是劳动力成本的快速上升，使得人工劳动密集型的建筑构件加工及施工成本越来越高；种种问题迫使建筑工业进行升级改造。建筑工业的升级方向何在？这时，有识之士看到了数字设计及数字建造，因为它是一条可以用机器替代人力，可以提高施工质量并避免环境污染，可以整合各个专业及相关行业，可以高效并节能的建造之路。至今，无论建筑师还是建筑其他专业人员，无论甲方还是施工方，无论学界还是政府，都已把目光投向数字建筑，大家都对它的发展充满期待。

目前，随着大数据、云计算、人工智能、互动技术、虚拟及增强现实技术的不断开发，数字设计及数字建造又无时不在寻求与这些新兴的科学与技术相结合，并引领着建筑行业向着新的方向拓展，从而形成一个新的数字建筑产业网链。虽然数字设计产生于建筑的学术研究，但在经历了20多年的发展后，它终于即将进入人类创造物质财富的生产领域，它正在为实现和满足新的社会生活方式和需求走向历史舞台。

这本书的内容正是笔者从2003年起16年以来，投身于数字建筑设计、研究、策展、教学及实践，在其间学习、思考、探索、创造的结晶。从2004～2013年的10年间，在北京连续举办了"快进/热点/智囊组"（2004）、"涌现"（2006）、"数字建构"（2008）、"数字现实"（2010）、"数字渗透"（2013）等数字建筑展，前4个展览由笔者与英国建筑理论家尼尔·林奇合作策展，每届双年展邀请世界上50多个著名事务所以及年轻建筑师参展，同时邀请20多所世界顶级建筑院校学生作业参展，展览的同时还举办数字建筑设计国际会议，每次从世界各地应邀而来的数十位重要学者及建筑师进行精彩演讲，展会之后还出版建筑师作品集及学生作品集，可以说这些展览展示了当时世界上质量最高的最新数字建筑设计作品，对于数字设计的传播，特别是对于中国数字建筑设计的发展及与国际设计研究的接轨起到重要作用。2012年，中国建筑学会建筑师分会由23位发起人[1]组建数字建筑设计专业委员会（简称DADA），2013年DADA在北京组织了"数字渗透"系列活动，通过大师作品展、学生作品展、数字设计装置展、国际学术会议等活动，展示了中国及世界数字建筑设计的最新成果，对业界具有广泛影响。这些展览的内容是本书写作以及本书涉及的相关理论与方法的重要基础资料。

在教学方面，从2003年起连续10年在清华三年级本科开设"非线性建筑设计"课程，该课程把涌现、分形、集群等思想作为设计的基础，把Rhino、MAYA等软件作为常用工具，探索了通过物质实验、生物形态分析、场地模拟等方式进行设计"找形"的方法，这一设计课程就像科学实验室一样，进行了各种创造性的尝试和实验，为本书所阐述的数字建筑设计理论及方法如"数字图解""算法生形"等奠定基础。在2010年始直至现在，给清华硕士研究生开设"数字建筑设计"课程，该课程春季学期与美国普林斯顿大学建筑学院Jesse Rieser教授指导的研究生设计课，以及美国RUR建筑事务所建筑师Nanako Umemoto指导的美国宾大（有某些年份是哈佛、哥大、华盛顿大学）研究生设计课联合教学，我们用同样的任务书、共享基础资料、一起场地调研，最终进行集中评图，这同时，日本东京大学隈研吾教授以及Yusuke Obuchi副教授也部分参与了这一联合教学。从联合教学中受益匪浅，看到不同的教师对于解决建筑问题的不同态度和策略，这些影响也促使这本书所阐述的数字建筑设计理论与方法的形成及完善。当然，这两个

---

[1]　DADA联合发起人共23人，作为核心委员参加协会主任委员会工作。联合发起人如下：邵韦平、徐卫国、袁烽、周宇舫、徐丰、刘延川、佟晓威、张晓奕、王振飞、黄蔚欣、于雷、刘宇光、宋刚、过俊、彭武、范哲、Sam Cho、Paul Mui、高岩、穆威、胡骉、林秋达、井敏飞。

系列设计课程的学生作业也成为本书阐述设计理论与方法的重要案例。

另一方面，笔者从2005年起有30位硕士生及10位博士生的论文选题均是关于数字建筑问题的研究，这些论文的内容对本书的成书都起到直接作用，特别是田宏的论文《数码时代非标准建筑思想的产生与发展》（2005），最早较系统地研究了此前数字建筑在国际范围内的产生与发展，直接翻译引用了许多一手资料及文献，为后来的研究奠定坚实基础；本书某些段落文字直接使用了上述一些研究生论文的文字阐述（所在之处均有标注）；同时本书有如下章节由博士生直接著述，第2章"数字设计的复杂性科学基础"由张鹏宇著，第4章4.1节"德勒兹哲学思想与数字设计"由靳明宇著，第9章"数字建筑设计建造的精度控制"由李晓岸著，因此本书其实是我们团队集体智慧的成果。此外，笔者近15年来发表了120余篇数字建筑方面的论文，本书一些文字直接使用了这些论文的文字。

本书开篇记述了数字建筑从虚拟到现实的简要历史进程；第2章阐述了数字建筑设计的科学理论基础，即复杂性科学理论及其算法模型在数字设计中的应用；第3章提出了复杂形态的概念，并阐述了运用计算机图形学知识，通过计算来模拟复杂形态；第4章阐述了数字建筑设计的哲学思想基础，明确了数字计算条件下新的建筑设计观；第5章梳理了图解方法在建筑设计上的发展脉络，提出并系统阐述了数字图解设计理论；第6章定义了参数化数字设计方法并对其进行了系统的阐述；第7章阐述了建构思想在数字计算条件下的发展，定义并阐述了数字建构思想及其在建造上的方法；第8章介绍了数字设计的基本软件及数字建造的基本工具；第9章阐述了控制数字设计及数字建造精度的规律；第10章对数字建筑设计建造的产业前景进行了展望。

本书能够写成并出版，归功于国家自然科学基金的支持，笔者在数字建筑研究的起步阶段（2005年）"非标准建筑形体的生成与建造途径研究"就获得面上项目的支持（项目号50578087）；2010年"参数化非线性建筑设计方法研究"又一次获得面上项目的支持（项目号51078218）；特别是2015年"数字建筑设计理论与方法"获得基金重点项目的支持（项目号51538006），这使得笔者有可能系统思考及深入验证数字建筑设计的相关概念和手法，并将其发展成理论与方法。当然，由中国建筑工业出版社沈元勤编审大力支持及丁烈云院士主编的《数字建造》丛书，使得我们有机会很快出版这本书与读者见面，并把数字建筑设计理论与方法放在了数字建造体系之中，其意义不仅在于把建筑设计专业与其他专业如结构、施工、运维等连接在一起，拓展了建筑设计专业的视野和联系；更重要的在于该系列丛书的编辑讨论过程中，来自各专业的作者以及专家顾问共同构筑了数字建造乃至智能建造的基本产业框架，为我国建筑工业的升级换代进行了初步的思想及知识储备。

最后感谢张鹏宇及李煜茜为本书的排版及图片的收集花费了大量的时间；感谢出版社编辑为本书的出版付出了心血。

徐卫国

清华大学建筑学院教授

目录│Contents

CHAP
1

第1章

走向数字新建筑

人们往往忽视最普通的自然现象，比如自然界中的万物都是非规则的形状便是一例。无论植物、动物还是微生物，包括人本身在内，其形状没有一个是规则状的。但是，在人类世界中，人造物大部分却都是规则规范的几何形体，建筑更是如此。原因之一可能与人类坚信欧几里得几何理论有关，原因之二也许因为人类生产能力有限，技术条件不够，因而，依靠仅有的生产技术能力只能制造出简单标准的人造物体。

　　20世纪中叶开始，非线性科学理论的不断发明，突破了线性科学对人类的束缚，人们对欧几里得几何体系的权威性产生了怀疑，影响到人类产品制造业，则表现为产品形态的非标准化。模糊理论、混沌学、耗散结构理论、涌现理论、非标准数学分析等理论的建立，给人们展现了远离平衡态下的动态的稳定化有序结构；揭示了自然界丰富的复杂性潜力；清除了时间与空间的二元对立，表现出时空统一共呈的状态；歌颂了高度的连续性与流动性。建筑物也像其他人造物一样受这些新的科学理论的影响，开始摆脱规则标准几何形体的枷锁，走向非线性的发展道路[1]。

　　与同时期非线性科学的发展相伴，哲学思想也在自觉或不自觉地影响着建筑，特别是法国后现代哲学家吉尔·德勒兹（Gilles Deleuze）的思想观念深刻影响了建筑设计的变革。

他主张用片段性来对抗哲学机器的总体性，用警句对抗逻辑，用笑声和反讽来对抗严肃和伪饰，用隐喻对抗换喻，用文学对抗哲学，用谱系学对抗形而上学，从而使具有革命性、解放性和颠覆性的创造性力量得到充分施展[2]。他提出的褶子（Fold）、图解（Diagram）、生成（Devenir）及条纹与平滑（Striate & Smooth）等哲学概念被建筑师们反复引用并在作品中加以体现，甚至可以说，德勒兹的理论已经成了新世纪初前卫建筑师们的"圣经"。

与此同时，随着计算机技术的飞速发展，数字技术被广泛地运用于各个学科领域，计算机统一起了现实和虚拟、人类和机器、时间和空间。正如尼葛洛庞帝在《数字化生存》一书中所说的："计算不再只和计算机有关，它决定我们的生存。"新的三维设计软件可以将非正交的、非线性的造型迅速在屏幕上呈现，NURBS造型系统让建筑师控制起曲面造型来就像控制欧式几何形体一样简单。这激发了建筑师无尽的想象力和探索欲，使其摆脱了二维平面的思考模式，便捷的三维设计成为可能。影像处理、电脑仿真和动画能力的日趋健全，计算机在许多设计领域已经不再是"工具"，而成为思考和呈现设计理念与操作方式的"媒介"，成了设计师大脑的延伸。因此，"计算机辅助设计"可以改称为"计算机设计"了。

另一方面，人们对建成环境要求的变化作为内因也正推动建筑的变革。数字时代建成环境的一个重要特征就是空间的分散与重组，无论是电子商务、网络营销还是其他的信息产业，人们通常看到的只是它们节省了时间，却很少注意到它们同时也节省了空间，带来了空间的分散与重组，比如银行系统，之前还是银行大楼簇拥在一起形成气派的一条街，但到了自动取款机ATM（存款机、换钞机）的出现和普及，一部分面对面的银行交易被电子媒介的远程交易取代，而当支付宝、微信支付等移动交易的出现，又有一部分交易已经不需要占据建筑空间了，同时这也带来了银行建筑空间的重组。空间的分散与重组使得一些传统的建筑类型和使用空间萎缩甚至消失了，同时使另外一些建筑类型和使用空间得到了加强和结合。在数字时代，人们对于固定的或者指定的空间的需要越来越少，而更需要电子的、有趣的、多样化的和人性化的居住空间。不同建筑种类之间的界限正在变得模糊，空间变得更加多功能化；一种更富有深度、渗透性和连续性的空间将满足日益增大的交流密度；一种新的动力学体系将满足加速的结构重组和灵活的空间分配；同时，一种允许进行实时解释和借用的、开放而不确定的环境将满足从命令控制的管理方式向自组织方式的转变[3]。

从建筑学科发展的角度来说，在经历了现代建筑的高度发展后，建筑师乃至全社会已达成共识——建筑应该更人性化、更环境友好。前者意味着建筑设计应该更多基于人的行为及舒适性要求，考虑动态变化及精神感受；建筑应该是事件发生的场所，是活动进行的空间等。后者则指建筑设计应更多以各种环境条件为基础，充分考虑建设场地内以及周边各种人造的及自然的因素，同时节能环保。来自人及环境众多的要求应该综合性地塑造建筑设计，作为形态而存在的建筑设计结果，其实就像自然界中的生物，是与环境相适应的系统。要把众多的使用及环境要求转译成建筑形体，数字技术是有力的工具[4]。

数字技术与建筑设计的结合，导致建筑设计正在发生革命性的变化。数字技术渗透到现行建筑设计的各个方面，大大提高了建筑设计的效率和质量，另一方面，数字技术催生了新的建筑设计趋势，数字技术正促使建筑设计向着更科学化的方向发展。

1.1 数字建筑设计的开端

1.1.1 美国哥大首开数字设计先河

1988年，伯纳德·屈米被任命为哥伦比亚大学建筑学院院长后，运用他在英国建筑联盟的单元结构教育模式彻底改变了该学院的体制，他像他的导师阿尔文·博雅尔斯基当年在英国建筑联盟一样，吸引了一批思想活跃、有着极强进取精神的年轻人来哥大任教，这其中包括格瑞格·林（Greg Lynn）、哈尼·拉什德（Hani Rashid）、卡尔·朱（Karl Chu）、阿雷延德罗·扎拉·波罗、拉尔斯·斯布意布罗意克、曼纽埃尔·德兰达等[5]，他们运用计算机软件技术取代了纸笔尺子等工具进行建筑设计，使得建筑设计走上数字化的发展道路。1994年哥大建筑研究生院成立无纸设计工作室，将研究与教学相结合，专门进行非线性数字设计理论研究及设计。

1995年格瑞格·林在《哲学与视觉艺术》杂志上发表"泡状物"（Blobs）论文，提出"泡状物"概念，在当时被认为是一个新的运动兴起的信号。有人认为，"林提出了一种对笛卡尔还原主义的批判""泡状物具备了一种不能还原为任何简单形式或形式组合的连续的复杂性"；在近十年的教学及设计实践中，林总结出一套数字设计教育方法以及数字设计方法（图1-1）[6]。哥大每年开设有15个设计工作室可供学生选择，由奥尼尔（Rory O'Neil）和克拉克（Cory Clarke）指导的算法建筑工作室（Algorithmic Architecture Studio），探索基于规则系统的数字化生成设计，他们主要使用MAYA的内嵌语言（MEL）作为编程语言，要求学生采用元胞自动控制（Cellular Automata, CA）、L-系统及遗传算法（Genetic Algorithmic, GA）等理论进行设计生成；埃文·道格拉斯工作室（Evan Douglis Studio）尝试在不同事物之间建立联系，用图形语言表达不同事物的

图1-1　林设计的胚胎住宅[6]

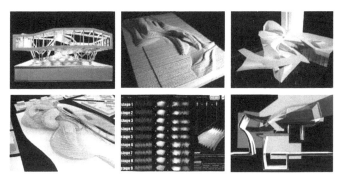

图1-2 哥大无纸设计工作室学生作业[6]

内在逻辑特征，用模型探究形体的可能性，最终将上述过程中形成的图形语言转化成计算机三维形体；每个设计工作室都具有个性及不同的设计方法，在不同方向上探索了数字设计的可能性（图1-2）。

1.1.2 美国麻省理工的软件开发

2000年，美国麻省理工学院建筑系的特斯塔（Peter Testa）与几位计算机专家合作开发了一款应用L-系统生成自由曲面的插件MOSS（Morphogenetic Surface Structure），它以Alias/Wavefront Studio 软件为平台，运行在这一软件平台之上；在MOSS的基础上，特斯塔的涌现设计组（Emergent Design Group）继续对数字化生成设计进行研究，加入了遗传算法（GA），进一步强调了与建筑设计的结合，在2001年又推出了运行于MAYA的GENR8插件，GENR8的曲面生成是由HEMLS（Hemberg Extend Map L-system）控制的。HEMLS是针对传统L-系统的树枝状结构而提出的，传统L-系统的树枝状结构十分适合于模拟植物的形态却不适合于生成自由曲面，MLS对树枝状结构进行了修改，可以被视为环状改写平面图形的L-系统。MLS的工作方式与传统L-系统相似，但每一步改写过程包括两个阶段：第一阶段，线段如常按照改写规则被改写；第二阶段，相配的分枝被连接成新的线段，封闭的线段组成平面。HEMLS就是把MLS扩充到三维空间，同时增加了一些变量来控制相配分枝的三维空间的连接。其次，GENR8的环境描述在MOSS的基础上，增加了重力系统。重力系统能够模拟地球引力，并可由建筑师根据曲面情况调整大小和方向。再者，GENR8引入了基于遗传算法的语法式进化（Grammatical Evolution），这种算法可以生成程序语法，实现程序的进化，在进化计算的过程中，

GENR8 还具有中断、干涉和恢复功能，建筑师可以在进化过程中的任何时间中断过程，然后对曲面进行输出或分析，或者修改进化参数和环境，之后恢复进化计算。这样，建筑师就可以很有效地控制曲面生成的形态（图1-3）[7]。

1.1.3 英国建筑联盟的数字设计教育

2001年英国AA学院开设"涌现技术"硕士研究生学位课程，通过两年的学习研究，学生系统地掌握数字化生成设计中有关涌现理论、复杂性理论和人工智能等知识，并应用计算机程序（如MAYA的GENR8）生成设计。与麻省理工学院的涌现设计小组的多学科交叉不同，AA学院的涌现技术课程教师由建筑师组成，主要研究涌现技术在建筑设计的应用。

2003年3月"涌现技术"课程在AA学院举办了一场名为"轮廓：设计的进化策略"的展览，内容为"涌现技术"课程的部分优秀学生作业。英国建筑评论家梅尔文（Jeremy Melvin）对展览给予高度评价："这是首次公开展览'涌现技术'课程，是我所见过的最有吸引力的教学展之一，这可能使设计研究课程进行重新定义。"在展览中值得注意的是"涌现技术"课程的学生特鲁科（Jordi Truco）使用GENR8的形态生成设计实验。这次设计实验的目的是探讨在三维建模的软件中，曲面的形态生成，并研究如何实现这些复杂形式的构造。除了这次设计实验，特鲁科和费莉浦（Sylvia Felipe）的学位论文中提出"混合网壳"（Hybgrid），同时在建筑联盟建起了一个混合网壳的原型（图1-4）。所谓"混合网壳"就是指可以依照具体的使用功能和空间要求，通过对连接件的调整而改变网壳的形态，这样混合网壳就突破了传统网壳的单一的静态结构系统，形成可变的动态结构系统[8]。

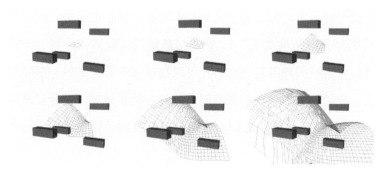

图1-3　用MAYA的插件GENR8生成的三维自由曲面[7]

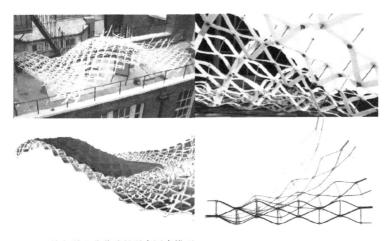

图1-4 特鲁科和费莉浦的混合网壳模型
［来源：2004年Architecture Biennale Beijing（ABB）建筑展提供］

1.1.4 澳洲皇家墨尔本理工的信息建筑研究

澳大利亚皇家墨尔本理工大学的"空间信息建筑实验室"（SIAL）是一个以跨学科的设计研究和教育为宗旨的机构。它使用多种研究方式，从事的内容既包括高度探索性的项目，也包括与工业相关的项目。该实验室注意将技术的、理论的和社会的问题融为一体，统统列入它的议事日程。在这里，与迥异的各门学科相关的高级计算、模型和通信工具与传统的生产技术结合在了一起。研究者们投身于各式各样的项目，这些项目协同作用，打乱了真实与虚拟、数字和模拟、科学性和艺术性以及工具性和思辨性之间的界限。

该空间信息建筑实验室给人们提供研究新的策略的机会，以便以一种空间性的视点观察和管理各种信息。与那种把设计决策限制在二维的抽象、表达和模型的信息技术不同的是，从概念到实现的整个过程都是"在空间中"进行的（这里的"空间"对于工程和建筑来说可能是实际的，对于远处协作而言可能是电子的，但在创造新的建筑上都是一样的"具有结构意义"）。空间信息建筑实验室以高端的计算和软件来利用开发资源，并通过因特网建立起各种可以超越多科性文献的一般障碍的关系。作为一个机构，它的与众不同在于同范围广泛的各种各样的软设备和硬设备的协同工作，此外，它还同一切与社会的和文化的研究有关的设计领域都进行密切的接触。

可以说，空间信息建筑实验室的任务就是利用信息技术和信息系统建立一个多学科协作的新型矩阵。它要努力消除这样的恐惧："新信息传送媒体"会把艺术家从艺术品分离。那种把大脑、眼睛、耳朵和手连接起来的触觉性活动将继续发挥重要作用，而同时，该实验室提供创造性的手段，以强化而非排除触觉性活动与信息驱动的、由数字手段改进的设计方法之间的丰富联系[9]。

1.1.5 建筑展览推动数字设计迅速传播

1. 巴黎蓬皮杜的"非标准建筑展"

2003年12月10日～2004年3月1日，在蓬皮杜艺术中心举行了名为"非标准建筑"的展览（Architecture Non-standard），该展览由Frederic Migayrou和Zeynep Mennan策展，展示了国际上12个建筑设计事务所的建成或实验性作品，显示了非线性理论在建筑设计和研究领域的成果，同时也展现了正在被重新定义的建筑行业。展览的空间也配合其主题用一种运算法则加以阐释，12个展区被围合在一个"非标准"的数学空间之中，它由两重网格形成的晶格光干涉效应莫尔图案组成，各个参展建筑师通过投影、动画、装置等手段展示四个建成作品或设计概念。参展建筑师及建筑事务所包括Asymptote、dECOi Architects、DR_D、Greg Lynn FORM、KOL/MAC Studio、Kovac Architecture、NOX、Objectile Oosterhuis.nl、R&Sie、Servo等（图1-5）[10]。

2. 北京"快进»，热点，智囊组"建筑展

2004年9月20日～10月10日，由清华大学建筑学院教授徐卫国与英国建筑理论家Neil Leach共同策展，在北京的UHN国际村举行了名为"快进»，热点，智囊组"（Fast Forward», Hot Spot, Brain Cells）的国际前卫建筑师作品展，其中"快进»"展览展出了12位目前国际建筑界最具影响力的先锋建筑师的最新作品。展览在"施工中"的展场内通过模型、投影和装置等方式展出了在数码技术或数码思想影响下国际青年建筑师的"非标准"作品。这不仅是中国首次举办如此世界性规模的前卫建

图1-5 巴黎蓬皮杜艺术中心"非标准建筑展"2003
（来源：非标准建筑展图书封面扫描）

图1-6 北京"快进»，热点，智囊组"建筑展2004
（来源：ABB双年展图书封面扫描）

筑展，更是这种"非标准"的建筑思想和作品被首次介绍到中国建筑领域。参展建筑师及建筑事务所包括英国Future Systems、荷兰UN Studio、美国Diller+Scofidio、美国Greg Lynn FORM、美国Asymptote、美国RUR、美国Karl Chu、荷兰NOX、法国dECOi、美国Kol/Mac、日本Takashi Yamaguchi、澳大利亚Tom Kovac等（图1-6）。

3. 威尼斯"变异"建筑双年展

几乎是与北京双年展同时，在意大利威尼斯举办的第九届国际建筑双年展上，NOX、Ocean North、RUR、UN Studio、dECOi、Greg Lynn、Asymptote、Diller & Scofidio、Foreign Office Architects、KOL/MAC Studio 和Tom Kovac 等建筑师和事务所也参加了主题为"变异"（Metamorph）的展览。这些展览的目的就是将非线性理论下非标准建筑的完整"过程"呈现给观众。它们所展示的作品已经不仅仅是作为表现方式的数码建筑或虚拟建筑，而是融合了数字工具和计算法则，从概念设计到实验装置，再到实际建造的全过程。

1.2 数字设计的物质性建造

20世纪90年代，数字设计还停留在使用算法和程序进行虚拟形态的生成，这种近似电脑图像的建筑设计遭到业界的批评，专家们认为这些由软件生成的图形虽然在屏幕上具有优美性感的特征，但它们与建筑形体相去甚远，似乎看不到它们可能成为建筑物的潜力。在质疑声中，青年建筑师们调整步伐，不仅保持了对形态生成的兴趣，而且也转向对这些生成的复杂形体进行材料构造及结构性能的物质性建造研究。事实上，从此展开了数字设计的物质性建造探索，出现了一系列令人刮目相看的研究实例。

英国建筑联盟建筑学院涌现技术小组（Emtech）通过教学、研究及设计实践，着重探讨在设计中如何遵从结构多样性及性能多变性的自然系统，包括与环境相适应的形态找形方法，与数控制造相关的材料系统的行为特征研究，以及在几何或拓扑定义下，材料构造的数字参数模型建立及其足尺模型的制作工作，比如以一片叶子作为研究对象，通过观察可以发现叶子的整体由5个突出的瓣状物组成，每个瓣状物都是通过中心叶脉来组织的，又可分成4个更小的分支，这些分支之间的空间被分成更小的组，每一组又有自己不规则的图案；接着将上述观察到的形体组织结构用几何学的方法将其进行描述（角度、分支数目、长度等），这样便得到一个叶片的几何图解；按照这一图解，使用石膏、绷带、钢丝、塑料结等材料制作实物模型，并对模型的物理特性、受力状况进行分析，在此基础上建立数字模型，并探讨作为实际项目中不规则形体结构的可行性。这一研究探索了以生物结构为原型，图解生物组织结构，通过足尺模型分析受力特征，写出结构形态数字参数模型，并用作非线性体结构系统的设计途径[11]。

英国建筑联盟建筑学院DRL10周年纪念亭是另一个数字设计与数控加工相结合的范例（图1-7）。最初阿尔温·黄及单普赛使用数字及模拟分析工具、通过严格的过程来决定亭子的形态，并准备使用13mm厚的预应力纤维混凝土层板平肋作为它的主结构构件，但在风荷载试验中失败了，不得不做相应的修改，最后，用数控机床直接切割结构肋而建成。上述数控建造的实践以及数控建造途径的研究，充分展示了借助数字化生产工具实现复杂的不规则建筑形体的可能性。

美国麻省理工媒体实验室（Media Lab）的妮芯（Neri Oxman）则基于生物组织结构对非线性体的形式、材料、结构

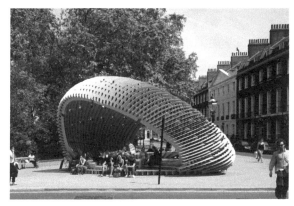

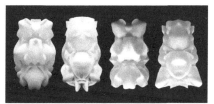

图1-7　英国建筑联盟建筑学院DRL10周年纪念亭
（来源：2006年ABB建筑展提供）

图1-8　妮芯的作品"射线计算"2007
（来源：2008年ABB建筑展提供）

图1-9　妮芯的作品"野兽"2008～2010
（来源：2010年ABB建筑展提供）

关系进行探讨，在项目中试图阐明形式与材料行为、几何与表现、几何与制造之间的联系[12, 13]。2007年她的作品"射线计算"（Raycounting）（图1-8）是一个在特定环境中根据光线强度和方向产生的光影而生成的复杂形体；三维双曲面的成形是光线对平面进行作用的结果，即通过算法对特定环境下光源的位置、光线强度、单一方向点或多方向点等参数进行变化，并记录计算结果，之后将参考平面与光场上的点对应产生的曲率值分别进行赋值，从而得到最终形体。这里，光性能分析工具被重新编程设计，使其可基于用户给定的光强、频率、偏振等参数进行生形设计。之后通过尼龙3D打印出实物模型。她2008～2010年的作品野兽（Beast）（图1-9）是一个通过物理参数进行数字生形而成的有机合成体，它是一个连续的曲面，既作为结构同时也是表皮，通过表皮结构进行自支撑；表皮由单胞肉体组成，通过调节这些单胞的密度，以及表皮厚度、刚度、柔韧度和透明度等，来控制整体表皮结构及形态。之后同样通过3D打印得到实物模型。

2006年9月在北京中华世纪坛举办的"涌现"建筑展中，除展出了来自世界各地的52个建筑事务所的研究性作品及26所世界著名建筑院校的学生作品外，还特邀6名来自不同国家的建筑师设计建造6个装置展亭。

其中艾琳娜（Elena Manferdini）设计并与XWG建筑工作室合作建造了美国西海

岸展亭（图1-10）。艾琳娜把实践中用于服装剪裁的数控加工技术用于建筑构件的制作，这一展亭是用动态起伏的波纹制造的垂直花园，波纹沿着建筑的周边分叉或汇合，钻石型结构相组合的反光表面如同立体花边，营造出一种动态屏蔽与过滤的效果。展亭的钻石型结构、立体花边、动态波纹均由数控机床加工而成。2008年"数字建构"建筑展中艾琳娜进一步展示了相似加工技术的例子，如洛杉矶的装置，以及中国贵州一幢高层塔楼的设计。

英国Ocean D汤姆（Tom Verebe）设计的展亭为一扭动的蛇形体，设计者以纳米晶体结构为参照，将蛇形体分解成不同尺寸的若干16面体单元，并试图通过数控机床加工单元体，现场粘结单元体，组成蛇形展亭（图1-11）。

2006年的"涌现"展还展出了材料系统组（Material System Organization）的建造作品，他们在现有可实现的制造技术内，通过系统内在几何或材料参数的调节，开发出了能够适应不同要求的蜂巢系统（图1-12）。

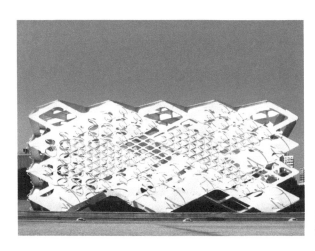

图1-10　艾琳娜设计的西海岸展亭2006
（来源：2006年ABB建筑展提供）

图1-11　汤姆设计的蛇形展亭2006
（来源：2006年ABB建筑展提供）

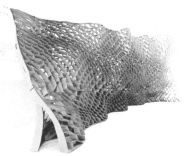

图1-12　材料系统组设计的蜂巢墙
（来源：2006年ABB建筑展提供）

从上述实例我们同样也看到，要实现这类非线性的形体，需要选用合适的材料，采取合理的结构系统，选择可行的构件制造途径以及精确的施工过程。事实上，这类非线性建筑的实现依赖于一个崭新的数字化设计、生产、施工产业链的诞生，从形体的生成开始，到形体最终建成，每一环节均离不开数字技术。

1.3 数字建筑的实际作品

20世纪末建筑评论家查尔斯·詹克斯预言："非线性建筑将在复杂科学的引导下，成为下一个千年一场重要的建筑运动。"他认为20世纪90年代非线性建筑已经诞生，它预示着一个新的时代，展现了人类更自由和睦的未来。他列举了三个实例，即西班牙毕尔巴鄂古根海姆美术馆（1997，弗兰克·盖里）（图1-13）、美国辛辛那提研究中心（1988，彼得·埃森曼）（图1-14）、德国柏林犹太人博物馆（2005，李伯斯金）（图1-15），认为由于建筑师在设计这些建筑时运用了计算机生成形体，因此这些建筑可称得上非线性建筑[14]。从今天的角度来说，这三个建筑其实离数字建筑的距离还很远。

进入21世纪，在数字建筑物质性研究的同时，建筑师们把数字技术积极用于实

图1-13　西班牙毕尔巴鄂古根海姆美术馆1997
（来源：贾珺提供）

图1-14　埃森曼设计的美国辛辛那提DAAP教学楼
（Aronoff Center for Design and Art）1988
（来源：Christoph Klemmt 提供）

图1-15　德国柏林犹太人博物馆2005
（来源：中国建筑信息网提供）

图1-16 音效房屋2000~2004
（来源：2004年ABB建筑展提供）

图1-17 霍夫多尔普汽车站2003[26]

际工程，众多实验性及地标性建筑的建成，揭示了数字建筑设计的潜力，同时也改变了业界对数字建筑的看法。

弗兰克-盖里虽然与年轻一代数字建筑师在设计思想上有根本的区别，但他在实现其不规则建筑形态建造方面的开拓探索却为数字建筑的实现奠定了基础，他的一系列作品包括美国洛杉矶迪士尼音乐厅（2004）、美国拉斯维加斯脑科研究中心（2012）等的实现为数字建造积累了经验。

音效房屋（2000~2004）是荷兰建筑师NOX设计的一个音乐装置，可举行非正式集会、午餐、时尚休闲等活动（图1-16）。装置的形体来自于地形形状及人体运动，设计中将人的手、肢体及身体运动的轨迹用纸带记录下来，形成纸模型，然后，将其放入地形中便得到这个形体，进而让纸模型数字化，得到三维计算机模型[15]。在设计方法上与盖里的设计途径几乎没有什么不同，但它的建造途径则是钢结构龙骨及金属织网预制装配式途径。

霍夫多尔普汽车站（2003）位于荷兰阿姆斯特丹以南15km的霍夫多尔普新城，由荷兰建筑师NIO设计，用地为一块被马路包围的岛形地段，车站建筑形如一块巨石，其形态来自往来乘客的流线和视线分析，并通过计算机软件生成[15]，建筑长50m、宽10m、高5m。这一建筑的建造直接由数控机床加工建筑部件并现场拼装而成（图1-17）。

扎哈·哈迪德的建筑作品风格在世纪交替前后有明显的变化，1993年建成的德国维特拉（Vitra）消防站是扎哈一贯风格的第一次真正实施，几何碎片及尖锐结构表现了扎哈独特的设计手法，而2002年建成的奥地利因斯布鲁克的滑雪台已经表现出风格的转变，之后的作品更是一改碎裂及锋利，表现出连续及流动性，并一直保持了这种圆润的动态复杂性，例如德国沃尔夫斯堡的科学中心（2000~2005）、奥地利的茵斯布鲁克Nordpark铁路站台（2007）、罗马的国家当代艺术中心（2009）、阿塞拜疆的盖达尔·阿利耶夫文化中心（2007~2012）（图1-18）、广州的歌剧院（2010）、北京的银河SOHO（2012）（图1-19）及望京SOHO（2014）、上海的凌空SOHO（2010~2014）、南京的青奥中心（2011~2018）、长沙的梅溪湖国际文化艺术中心（2017）等。这种风格的转变并不是偶然的，而是因为使用了参数化三维软件及数字编程技术，它拓展了建筑师对形体的控制程度，可以方便地生成连续的复杂形体、在三维空间中推敲细节、准确定位不规则曲面，并精确传递设计文件。扎哈依靠数字技术实现的大量建筑作品使人们确信数字建筑时代的到来。

此外，赫尔佐格和德梅隆的北京国家体育场（图1-20）、伊东丰雄的台湾台中歌剧院、蓝天组的德国慕尼黑宝马博物馆及中国大连会展中心（图1-21）等，这些项目如果没有数字技术，几乎不可能建成，而其实践也在不同层面对数字建筑设计的理念和方法进行了探索。

中国年轻建筑师马岩松（MAD建筑事务所）设计了一系列基于数字技术的建筑杰作，如加拿大密西沙加市的梦露大厦（2006~2012）、北京胡同泡泡（2008~2009）、鄂尔多斯博物馆（2005~2011）、哈尔滨大剧院等（2010~2015）等。梦露大厦（图1-22）是中国建筑师首个在国外通过竞赛赢得的标志性建筑项目，在世界范围内几乎与扎哈同时，且是最早运用数字技术展现灵动流畅的建筑形象的设计，这一设计竞赛结果的公布唤起了世界各地建筑师对数字建筑设计的追寻；胡同泡泡用数字技术创造了崭新的"细胞"形象，表现了一种"微观乌托邦"式的旧城改造理想；哈尔滨大剧院建筑群（图1-23）运用数字技术将建筑形态地景化，使建筑群与地段周边"延绵起伏的雪山、湿地、湖面、连桥、蜿蜒而

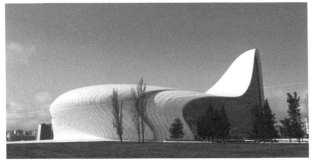

图1-18 阿利耶夫文化中心
（来源：李士奇提供）

图1-19 北京银河SOHO 2012
（来源：韩冬提供）

图1-20 北京国家体育场（鸟巢）2008
（来源：韩冬提供）

图1-21 大连会展中心
（来源：杨超英提供）

图1-22 加拿大梦露大厦
（来源：2006年ABB建筑展提供）

图1-23 哈尔滨大剧院建筑群
（来源：2017年CAADRIA展览提供）

上的山路"融于一体，首次创造了"山水城市"的景观。

在我国大规模城市化建设的背景下，数字技术越来越多地用于建筑实践。为数众多的实践项目充分利用了近年来我国数字建筑设计理论与方法层面的研究成果，践行了参数化设计、数字建构、工匠技艺、地域特色、环境融合等理念，推动了整个建筑设计乃至建筑产业的进步与发展，许多项目也成了当地著名的地标建筑。

近年来最有代表性的数字建筑设计项目是北京市建筑设计研究院邵韦平主持的北京凤凰媒体中心。该建筑项目建筑面积65000m²，设计以莫比乌斯圈这一数学概念生成复杂曲面壳体，将宏伟的中庭空间缠绕包裹，结构性的钢骨斜肋构架支撑着壳体玻璃幕墙。该项目实现了完全由中国人自主设计，中国建设公司数控加工及建造，全程运用了参数化建模、BIM、3D扫描等多种数字技术，建成结果具有完成度高、建筑质量精致、建筑性能完善等特点，成为北京的新地标（图1-24）。

此外，由HHD-FUN王振飞设计的青岛园博会服务设施（图1-25）、dEEP建筑事务所李道德设计的四川牛背山志愿者之家（图1-26）、同济大学袁烽设计的四川成都兰溪亭（图1-27）、朱培设计的深圳OCT设计博物馆（图1-28）、竖梁社宋刚设计的佛山艺术村建筑（图1-29）、张晓奕设计的杭州阿里巴巴展览中心（图1-30）、合道公司林秋达设计的厦门T4航站楼（图1-31）等，均是我国数字建筑实践的代表性案例。

图1-24 北京凤凰媒体中心
（来源：2017年CAADRIA展览提供）

图1-25 青岛园博会服务设施
（来源：2017年CAADRIA展览提供）

图1-26　四川牛背山志愿者之家
（来源：2017年CAADRIA展览提供）

图1-27　四川成都兰溪亭
（来源：2017年CAADRIA展览提供）

图1-28　深圳OCT设计博物馆
（来源：2017年CAADRIA展览提供）

图1-29　佛山艺术村建筑
（来源：2017年CAADRIA展览提供）

图1-30　杭州阿里巴巴展览中心
（来源：2017年CAADRIA展览提供）

图1-31　厦门T4航站楼
（来源：2017年CAADRIA展览提供）

1.4　数字建筑设计的教育与传播

　　如上所述，数字建筑设计教育20世纪90年代始于美国哥伦比亚大学，当时伯纳德·屈米作为哥大建筑学院院长吸引了一批对建筑未来充满理想的年轻人，如格瑞格·林、哈尼·拉什德、卡尔·朱、阿雷延德罗·扎拉·波罗、拉尔斯·思布意布罗德克、曼纽埃尔·德兰达等，哥大以无纸设计工作室的方式组织教学，几乎在每个春秋学期都有15名以上的教授开设设计工作室供学生选择，每个教授的设计专题都与自己的研究及设计实践相结合，并均具有各自的不同观点。

　　进入21世纪，许多建筑学院学习了哥大这一模式并进行了发展，同时哥大的一些教师到其他学校工作，哥大学生毕业后分散到各地，对数字设计在其他地区的传播起到重要作用。

　　在荷兰代尔夫特大学，2000年由kas Oosterhuis领导的Hyperbody互动设计技术实验室成立；在英国2001年AA学院开设"涌现技术"硕士研究生学位课程，系统地教授数字设计生成；在澳大利亚皇家墨尔本大学由Mark Burry领导的"空间信息建筑实验室"（SIAL）的研究涉及广泛的技术领域，例如多媒体、音响系统、机电一体化、计算机图形学和界面、材料工艺、制造过程、虚拟环境、卡通制作、电子游戏、虚拟现实、通用信息管理系统和联机环境等；在美国还有麻省理工、普林斯顿、耶鲁、莱斯、加利福尼亚大学洛杉矶分校、南加州建筑学院、宾夕法尼亚大学、康奈尔大学、普拉特等，在瑞士有苏黎世高工，在奥地利有维也纳工业美术学院，在德国有德绍建筑学院，在中国有清华大学建筑学院，这些建筑学院都设有数字设计课程，在教师的引导下带有探索性地进行建筑设计研究，试图找到一条新的建筑设计的道路。

　　国内的数字建筑设计教育开始于2003年清华大学建筑学院的"非线性建筑设计课程"，该课程把涌现、分形、集群等思想作为设计的基础，把Rhino、MAYA等软件作为常用工具，探索了通过物质实验、生物形态分析、场地模拟等方式进行设计"找形"的方法；之后，东南大学、同济大学、华南理工大学、湖南大学、西安建大等国内诸多建筑院校均开设了与数字设计有关的设计或技术课程。以2004年清华三年级"学生活动吧"设计为例，学生通过现场观察统计及对建筑内部活动的分析认识，抓住了5个因素作为设计的基础：①经过地段的人流及车流流向及流量；②地段两侧宿舍出入口处人们的视线及心理感受；③地段上三处重要的视线关系；④地段两侧宿舍楼之间必要的联系通道；⑤建筑内部人流的活动轨迹；通过对以上5个因素进行分析研究，把结果画成分析图，进而获得计算机软件可识别的平面轮廓图形，并研究学生在室内活动的行为及需求，通过若干控制剖面决定空间形状，之后通过Rhino软件的"放样"菜单进行建筑形态的生成，设计者将获得的多个形态雏形进行比较选择，最终选择其中一个形态，作为设计方案（图1–32）。

2008年开始，许多机构在国内组织了多种数字建筑设计工作营。当年，在中国建筑艺术双年展青年建筑师及学生展策展期间，几个英国建筑联盟建筑学院（AA）毕业的年轻人（其中有常锺、高岩、徐丰等）建议在展览的同时举办"数字设计工作营"，当时与清华继续教育学院合作，举办了第一个清华数字建筑设计工作营；2009年开始清华建筑学院每年夏天利用暑期时间，举办"参数化非线性建筑设计研

 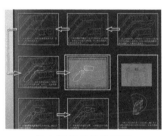 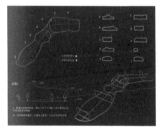

（a）鸟瞰图　　　　　　（b）场地条件分析图　　　　（c）建筑形态生成逻辑

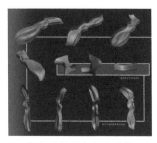 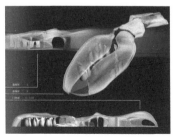

（d）建筑形态生成过程　　　　　　（e）透视图及剖面图

图1–32　清华三年级"学生活动吧"设计2004
（来源：作者教学studio的学生作品）

习班"，每年有上百人参加该课程，最多的时候有近400人报名，但限于条件，只能录取180人参加研习班；与此同时，英国AA在上海及北京每年都举办数字设计工作营，同济大学一开始时与美国南加州大学（USC）合作，后来发展成Digital Future，每年夏天在上海也举办同样主题的工作营；到2012年，举办工作营的机构越来越多，同一时间，有近10个单位同时在不同的城市举办工作营，犀牛软件公司、华南理工大学、华中科技大学、湖南大学、香港大学、LCD参数化研究中心、NCF参数化设计联盟等也参与到这一行列中来。

数字设计工作营起到数字设计启蒙的作用，由于数字设计需要有软件使用基础，对于多数人来说这是一个屏障，而工作营没有门槛，可培训零基础的学员，因而成为推动数字建筑设计普及的"点火器"，很多建筑师或学生正是从工作营开始了他们的数字设计道路；另一方面，各个工作营的教师通常来自于国内外业内的不同地方，大家聚在工作营实际上是一次学术交流，有效地促进了最新思想及技术方法的交流及链接，是推动数字设计发展的催化剂；最重要的在于，学员们来自全国乃至世界各地，他们把学到的知识以及思想带到各处，影响了周边的同事、同学，甚至教师，激发起更多人对数字设计的兴趣，因此，工作营又像一部播种机，把数字设计的种子播种到各处。工作营的教学成果自然也是极具价值的参考资料。数字设计工作营极大地推进了数字建筑设计的推广与普及[16]。

数字建筑设计在世界范围内的迅速蔓延归因于学校的教育、媒体的传播、展览展示，以及实际建设项目等。从展览展示的角度来说，2003年蓬皮杜艺术中心"非标准建筑展"是一个开端，2004年意大利威尼斯第九届国际建筑双年展"变异"起到推动数字设计的作用；而从2004年起在北京每两年一次的国际青年建筑师及学生作品展，则是稳定持久聚焦数字建筑设计的展览。从2004～2013年的十年间，在北京连续举办了"快进/热点/智囊组""涌现""数字建构""数字现实""数字渗透"等数字建筑展。

上述前4个展览由清华大学建筑学院教授徐卫国与英国建筑理论家尼尔·林奇合作策展，每届双年展邀请世界上50多个著名事务所以及年轻建筑师参展，同时邀请20多所世界顶级建筑院校学生作业参展；展览的同时还举办数字建筑设计国际会议，每次从世界各地应邀而来的数十位重要学者及建筑师进行精彩演讲，展会之后还出版建筑师作品集及学生作品集；可以说这些展览展示了当时世界上质量最高的最新数字建筑设计作品，对于数字设计的传播，特别是对于中国数字建筑设计的发展及与国际设计研究的接轨起到重要作用（图1-33～图1-36）。2012 年，中国建筑学会建筑师分会由23 位发起人组建数字建筑设计专业委员会（简称DADA），2013年DADA在北京组织了"数字渗透"系列活动（图1-37），通过大师作品展、学生作品展、数字设计装置展、国际学术会议等活动，展示了中国及世界数字建筑设计的最新成果，对业界具有广泛影响。正如该展览前言所说，"数字渗透"指数字技术正无孔不入地渗透到建筑设计的方方面面，从而导致建筑设计行业正在发生激变，其结果提高了现有建筑设计的效率和质量，另一方面，数字渗透实现了建筑师过去的许多建筑理想如生态建筑、性能模拟、环境响应、场所及场所精神、建构理论等，同时，数字渗透催生了一种新的建筑设计趋势，其结果展现了前所未有的数字新建筑图景。

图1-33 "快进/热点/智囊组"建筑展2004
（来源：2004年ABB建筑展提供）

图1-34 "涌现"建筑展2006
（来源：2006年ABB建筑展提供）

图1-35 "数字建构"建筑展2008
（来源：2008年ABB建筑展提供）

图1-36 "数字现实"建筑展2010
（来源：2010年ABB建筑展提供）

图1-37 DADA "数字渗透"系列活动2013
（来源：DADA提供）

1.5 数字建筑设计理论与方法研究

早在1993年，格雷格·林恩（Greg Lynn）客座主编了AD杂志专刊《建筑的折叠》（*Folding in Architecture*），1995年在《哲学与视觉艺术期刊》（*Journal of Philosophy and the Visual Art*）发表《泡状物》，随后，又出版专著《动画形态》（*Animate FORM*），由此开始了数字建筑设计理论与方法的研究。之后，詹克斯（Charles Jencks）、泰勒（Mark Taylor）、亨塞尔（Michael Hensel）又分别于1997年、2003年、2004年应邀客座主编AD专刊《非线性建筑》（*Non-Linear Architecture*）、《曲面知觉》（*Surface Consciousness*）及《涌现：形态设计策略》（*Emergence: Morphogenetic Design Strategies*），专刊收集的文章及设计实例从不同视角探讨了数字建筑设计的理论及方法；2004年林奇（Neil Leach）编辑出版《数字建构》论文集（*Digital Tectonics*），其中部分论文探讨了数字设计及数字建造的结合。

2006年赖泽与梅本（Reiser+Umemoto）出版《新建构图集》（*Atlas of Novel Tectonics*），将自己建立的知识体系与建筑设计实例相结合，通过散点式的论述打开了通向新建构的视野，内容涉及哲学、生物学、数学、文学、化学、工程学、建筑学等众多领域。书中第一章题目为"几何"，论述了"种类的差异与程度的差异""相似性与差异性""未成形的泛型""连贯性与不连贯性"等概念，第二章主题为"物质"，阐述了"几何与物质""材料组织""物质与力的关系""机器门""图解部署""空间结构的新角色""材料计算"等议题，第三章"操作"则介绍了"在梯度场中移动""涌现的结构""潘格洛斯范式""投射力""模式的迁移"等设计手法。正像作者在书的前言中写道，作为对现代主义建筑贫乏和均质的回应，我们的作品最大的不同是取消由坐标系定义的固定的背景而倾向于空间和物质融合为一的概念，我们的作品不是现代主义运动所发展出的普遍性模式的补充，也不是和它的对立，而是对新的领域的探索。这一新领域正是基于计算技术的数字建筑设计[17]。

马克·博瑞（Mark Burry）2011年的著作《脚本文化：建筑设计与编程》（*Scripting Cultures: Architectural Design and Programming*）对数字设计的常用方法与技术路线进行了研究。作者认为在数字设计的过程中，借助脚本的计算机编程是不可或缺的部分，这样的设计方法能够让设计者根据自己的偏好和工作模式定制软件；数字化的设计过程也使得常规和重复的工作被计算机替代，设计师可以将更多的时间花在设计思维上。该书论述了脚本在设计效率、设计实验和设计概念方面的应用；它详细介绍了使高迪设计的圣家族教堂从文件到工厂化数字建造过程得以实现的设计脚本语言；同时论述了30多位当代前沿的脚本设计师的特色项目及其对项目的评论。这本书不仅将脚本当作一项技术进行了清晰的论述，而且回答了设计师首先要编写脚本的原因，并且阐述了脚本的文化和理论含义[18]。

舒马赫（Patrik Schumacher）2011年及2012年出版的《建筑学的自生系统论》（*The Autopoiesis of Architecture*）阐述了一种新的参数化主义建筑风格。他认为参数化主义是继现代主义后的一个时代性的风格，是建筑对于信息时代所带来的技术和社会经济转型的回应；自生系统论是亨伯特·马图拉纳与弗朗西斯科·拉瓦雷最早提出用来解释生命本质的理论，探索生物自组织产生智能的根本原理，舒马赫在书中借用了这一概念并将其解释为"在建筑中的整体推演式的自我建构"。该书分为两卷，第一卷的副标题为"建筑学的新框架"（A New Framework for Architecture），内容包括建筑学的概念、价值、风格、方法等，他认为若将建筑设计作为自治网络（Autonomous Network）来理解，则可以充分把握建筑学科，而实际建成的建筑则是社会交往的重要场所；第二卷的副标题为"建筑学的新议程"（A New Agenda for Architecture），进一步提出了当代建筑的新概念和新框架，用于应对目前社会和当今技术发展条件下建筑设计所面临的问题。该书第十一章以宣言的方式阐述了参数化主义作为新风格的建筑发展，作为21世纪的潮流，参数化风格不仅是前卫设计研究形式，而且是设计原则与设计价值的统一，它有统一的理论支持和系统指导[19]。

我国数字建筑领域最具代表性的著作是清华大学徐卫国教授与英国建筑理论家尼尔·林奇合作编著的系列书籍《快进、热点、智囊组》（2014）、《涌现》（2006年）、《数字建构》（2008年）、《数字现实》（2010年）、《设计智能》（2013年）、《数字工厂》（2015年）等，这一跨度超过10年的系列书籍汇集了国际及国内数字建筑领域各时段的研究成果与设计作品，为我国数字建筑设计与研究的发展奠定基础。其他重要的著作包括，东南大学李飚教授于2012年出版的《建筑生成设计》，该书对元胞自动机、遗传算法、多代理系统用于建筑设计进行了研究；同济大学袁烽教授与及尼尔·林奇于2012年合编的《建筑数字化建造》，该书介绍了世界名校的数字建筑设计与建造理论及教学实践。

清华大学徐卫国教授近年来指导的数字建筑领域的博士及硕士论文40余篇，其中2005年田宏的硕士论文《数码时代"非标准"建筑思想的产生与发展》是国内第一篇专注于数字建筑领域的学位论文，较系统地研究介绍了非线性建筑设计理论及作品。2007年天津大学彭一刚教授辅导的高峰的博士论文《当代西方建筑形态数字化设计的方法与策略研究》综述了西方数字建筑设计的理论及实践。清华大学建筑学院近年来的一系列博士论文（2012年靳铭宇的《褶子思想，游牧空间》、2014年林秋达《基于分形理论的建筑形态生成》、2016年李晓岸的《非线性建筑设计、加工、施工中的精度控制》、2016年李宁的《基于生物形态的数字建筑形体生成算法研究与应用》、2017年吕帅的《基于数字设计方法的演艺厅堂方案生成及音质研究》等）则从哲学思想基础、基于复杂系统的形态生成、复杂形体的精度控制、技术性能导向的数字设计方法等多个角度对数字建筑设计进行了深入研究。此外，近年来国内院校数字建筑领域较重要的学位论文还包括：2013年天津大学罗杰威与张颀教授指导的博士论文《基于CBR和HTML5的建筑空间检索与生成研究》、2016年哈尔滨工业大学孙澄教授指导的《严寒地区办公建筑形态数字化节能设计研究》等。

国内学者在吸收西方数字设计思想的基础上，结合具体条件及要求，发展出适用于建筑设计实践的理论与方法。具体而言，我国近年在数字建筑领域有代表性的理论研究与方法探索包括以下方面。

（1）非线性系统理论与数字建筑设计的结合。欧几里得几何学与牛顿经典力学已不足以解释多样的自然现象和复杂的人工系统，因此诞生了一系列"非线性"的系统与理论，如分形理论、混沌理论、元胞自动机、多智能体、人工神经网络等。这类系统的特征是：系统的局部法则很明确，但整个系统的行为具有不可预测性，与建筑设计的多样性与创造性不谋而合。在计算机的帮助下，可以通过编程将这些非线性系统应用于数字建筑设计。例如，清华大学徐卫国教授在《非线性建筑设计》[1]一文中对非线性系统理论进行研究并与数字建筑设计相结合，提出了非线性建筑设计的理论与方法，又如，东南大学李飚教授在《建筑生成设计》[20]一书中将元胞自动机、多智能体等非线性系统应用于数字建筑设计，使它们成为诱导性并带有明显过程导向性的设计策略。

（2）信息论与控制论对数字建筑设计的影响。信息的获取与处理及基于信息的系统控制已成为当前自然科学与工程学的核心内容，并已从多方面影响到建筑设计，如计算机辅助设计（CAD）、计算机辅助制造（CAM）、建筑信息模型（BIM）、计算机数字控制加工与建造（CNC）等，这表明"信息"与"控制"已成为建筑设计的重要载体，对数字建筑设计有重要影响。例如，清华大学徐卫国教授在《数字图解》[21]一文中阐释了数字建筑设计中信息从系统特征到抽象的图解再到设计形态的传递与转化路径；又如，同济大学袁烽教授在《从数字化编程到数字化建造》[22]一文中探讨了信息从数字化编程到数字化建造的传递与控制方法；再如，东南大学李飚教授在《"数字链"建筑生成的技术间隙填充》[23]一文中提出了"数字链"的概念，讨论了通过信息填充建筑设计与建筑建造间的间隙、构成完整链条、提高设计与建造效率的方法等。

（3）德勒兹哲学思想对数字建筑设计的影响。德勒兹（Gilles Deleuze）的哲学观念对数字建筑设计具有直接、深远的影响，他提出的诸如"褶子"（Fold）、"图解"（Diagram）、"条纹与平滑"（Striate & Smooth）等哲学概念被建筑师反复引用并在作品中加以体现，改变了建筑师看待和解决问题的方式。例如，清华大学徐卫国教授在《批判的"图解"——作为"抽象机器"的数字图解及现象因素的形态转化》[24]一文中阐述了德勒兹及福柯的图解哲学概念，并探讨了基于图解的建筑形体生成方法，又如，哈尔滨工业大学林建群教授指导的博士论文《基于德勒兹哲学的当代建筑创作思想研究》[25]阐释了德勒兹无器官身体、动态生成等哲学理论，并探讨了其对数字建筑设计的影响等。

（4）数字建构的理论研究。传统建构（Tectonics）的核心思想是，建筑的最终形式应表现其结构逻辑及材料构造逻辑，应富有诗意地进行建造；数字建构是其发展与延伸，具有明确的两层含义：使用数字技术在电脑中生成建筑形体；借助数控设备进行建筑建造。前者关键词是"生成"，而后者关键词是"建造"，生成是为了实际的建造，建造应该遵循生成的逻辑，这样，最终的建筑形式将最高程度地表现出结构逻辑及构造逻辑，同时，其结果将表现出新的诗意。例如，清华大学徐卫国教授在《数字建构》[26]一文中系统阐释了"数字建构"的理论，讨论了在数控建造基础上非线性建筑形体的可实施性；又如，同济大学袁烽教授在《性能化建构》[27]一文中讨论了基于性能的数字建构理论与方法；再如，东南大学方立新教授在《数字建构的反思》[28]一文中从结构工程师的角度对数字建构的理论进行了讨论与反思等。

（5）参数化建筑设计与算法生形。参数化建筑设计的定义为"把各种影响因素看成参变量，并在对场地及建筑性能研究的基础上，找到联结各个参变量的规则，进而建立参数模型，运用计算机技术生成建筑体量、空间或结构，且可通过改变参变量的数值，获得多解性及动态性的设计方案"，是数字建筑设计的最重要理论方法之一。算法生形则被定义为"使用算法（或称规则系统），并用某种计算机语言描述算法形成程序，通过电脑运算来生成建筑形体雏形"，是参数化设计方法实现的具体技术手段。例如，清华大学徐卫国教授在《参数化设计与算法生形》[29]一文中系统阐释了参数化设计与算法生形的理论方法、实施环节、设计实例；又如，东南大学李飚教授在《建筑生成设计的技术理解及其前景》[30]一文中阐释了建筑设计算法生形的基本原理与方法，提出了数字技术应根植于设计理性的观点；再如，香港大学高岩教授在《参数化设计——更高效的设计技术和技法》[31]一文中从技术和技法的角度对参数化设计进行讨论，突出了其提高建筑设计、丰富设计内容的优势等。

（6）数字建筑设计与建造过程中控制误差的系统方法研究。设计形体与建成的建筑物之间的差异即为"误差"，把误差减至最小是建筑高质量的标志，通过对数字建筑设计与建造过程中的误差控制方法进行研究有助于减小误差、提高设计品质。例如，清华大学徐卫国教授在《有厚度的结构表皮》[4]

一文中阐释了基于FRP复合材料的复杂形体误差控制方法；又如，徐卫国教授指导的博士论文《非线性建筑设计、加工、施工中的精度控制》[32]探讨了数字建筑在设计、加工、施工等多个环节的误差控制方法；再如，同济大学袁烽教授在《用数控加工技术建造未来》[33]一文中探讨了基于数控加工技术的数字建筑建造精度提升方法等。

第 2 章

数字设计的复杂性科学基础

2.1 复杂性与数字设计的复杂性

2.1.1 复杂性

　　复杂性科学由系统科学发展而来，其研究对象为复杂性与复杂系统。大量科学家用复杂性科学来指称相关的复杂性研究与复杂系统理论研究。其中，复杂性研究尚没有一致结论，复杂系统理论则是"研究复杂性与复杂系统中各组成部分之间相互作用所涌现出的复杂行为、特性与规律的科学"[34, 35]。系统科学的发展大致分为三个阶段：

　　20世纪40年代，以系统论、控制论、信息论等他组织理论为主体的系统科学诞生，成为系统科学发展的第一阶段。在这个阶段中，系统论强调"用系统的概念来把握研究对象，始终把对象作为一个整体来看待"，并强调"系统结构与功能"的研究以及"系统、要素、环境三者的相互关系和变动的规律性研究"；信息论则认为，"要使一个系统从杂乱走向有序就要有信息，而信息的丧失则意味着杂乱程度的增加"；控制论"从行为和功能的角度将生物和机器进行类比，把生物的目的性赋予机器"，用"负反馈概念"去理解生物系统，认为一个控制系统就是"通过信息变换过程和反馈原理实现

① 本章由张鹏宇著。

的"[34, 36]。在这一阶段中，人们对复杂性和复杂形态的认识仍然是片面的、局部的，但是仍然能够准确地解读出复杂系统和复杂性的部分特征，这些局部特征的解读仍然是可借鉴的，并标志着系统科学的产生。

20世纪70年代，以耗散结构论、协同论、突变论等自组织理论为主的系统科学理论诞生，成为系统科学发展的第二阶段。在该阶段中，耗散结构论强调系统的"涨落与偏移"，认为"一个宏观有序状态的自发产生和维持至少需要三个条件：开放性、非平衡与非线性反馈"，耗散结构是一个开放的、有序的组织系统，通过与外界的物质能量交换，实现从无序状态到有序状态的演进；协同论认为系统内部存在着一定的"协同作用"，用以协调系统内部组分，使之由无序走向有序，揭示了事物从无序走向有序的内在机制与动力；突变论以奇点理论和分岔理论为数学基础，强调"突变与跃迁"，认为外界条件的微小变化可能会导致系统的宏观状态的剧变，从而造成系统稳定状态的丧失[34, 35]。在这一阶段中，耗散结构论等的创立标志着自组织理论的诞生，但是这些理论中，构成系统的组分是没有生命的无机物，尽管它们之间可能会发生某些反应变化。

20世纪80年代，混沌动力学、分形理论、复杂适应系统理论、开放的复杂巨系统理论等复杂性科学理论出现，成为系统科学发展的第三阶段。在这一阶段中，不同学派对复杂性科学提出了不同的理论研究。圣塔菲（SFI）理论建立在跨学科、跨领域的复杂性研究基础上，试图在"经济、生态、免疫、胚胎、神经网络"等不同的复杂系统中找出其共同的复杂性特征，他们将系统的组成单元称为"主体"，并强调其主动性与适应性。复杂适应系统（Complex Adaptive System，CAS）理论认为系统的复杂性来源于其适应性，提出了适应性主体（Adaptive Agent）的概念，将具有适应能力的个体称为适应性主体，一般又称智能体、主体，主体能够与环境以及其他主体进行持续不断地交互作用，从中不断地"学习""积累经验"或"增长知识",并且能够利用学到的知识经验改变自身的结构和行为方式,以适应环境的变化,与其他主体协调一致,并能促进整个系统发展、演化或进化;复杂适应系统可以看成是用规则描述的、相互作用的主体组成的系统。钱学森提出了开放的复杂巨系统理论,认为"复杂性实际上是开放的复杂巨系统的动力学特征",即构成系统的元素不仅数量巨大、种类极多,且彼此之间的联系与作用很强,按照等级层次的方式整合起来,不同的层次之间界限模糊,甚至包含几个层次也不清楚,这种系统的动力学特性就是复杂性[34]。

此外,还有复杂网络理论、组合系统理论、优化理论以及一些数学理论等,也丰富了复杂性科学的内容。

复杂性科学的发展过程是人类对自然界复杂现象的认识过程以及对复杂问题求解方法的探索过程。复杂性科学的研究是复杂而综合的:还原论与整体论相结合,微观分析与宏观综合相结合,确定性分析与不确定性分析并存,定性判断与定量计算并举,人工智能与专家智能并用[34]。

在复杂性科学中,"复杂性是什么"一直都是诸多学者不断研究、试图解决的问题,相比于复杂系统,复杂性的概念更难界定、更具争议,而诸多学者的不断探究也逐步推进了复杂性科学的发展。

司马贺说:"复杂性是我们生活的世界的一个关键特征,也是共同栖居在这个世界上的系统的关键特征。"[34]自20世纪后半叶开始,"复杂性"的概念在诸多学科中广泛出现,例如生物学的复杂性、医学病症的复杂性、社会体系的复杂性、计算机科学的复杂性、人类心理学的复杂性,以及在建筑领域文丘里所提出的建筑的复杂性等。史蒂芬·霍金曾说:"21世纪将是复杂性的世纪。"[37] "复杂性"至今尚无明确定义,从复杂性科学的角度来看,"我们周围所能看到的事物表现出来的无限多样性(Infinite Diversity)和复杂性(Complexity)

只能是组合（Composition）的结果”[36]；从哲学观点看，“复杂与简单是一种辩证关系”“事物的复杂性是由简单性发展起来的”[34]；从系统的角度看，“复杂性是寓于系统之中，是系统的关键特性”，它源于系统规模的巨大性、系统的多层性、系统的非线性、系统的动态性、系统的开放性、系统的自适应性、系统的非平衡态、时间的不可逆性[34]。

从语义的角度来看，“复杂性”一词基于“复杂”而来，“复”的本义是往返、返回，“行故道也”，由此引申为繁复、重复，而“杂”本义指五彩相合、颜色不纯，引申为混合、错杂等义[38]。“复杂性”的英文对应为“Complexity”，“复杂”对应于“Complex”，源于缠绕、折叠、编织等词汇的演化，《牛津科学词典》对复杂性的解释是“系统自组织水平的衡量”，与“对称性破缺”和“大跨度的空间连通性”相关[39]。综上，“复杂”本义即“事物的组成多且杂”，又指“难于理解和解释，不容易处理，不清楚”[40]。

在日常生活中，简单与复杂相对，复杂与简单在事物的比较中产生，而这种比较是基于事物具有的系统与层次加以判断的，判定的标准和结果则因人、因时而异。在科学研究中，研究的问题也是由简单逐渐趋向于复杂。

瓦伦·巍维尔（Warren Weaver）将科学研究问题分为简单问题、无组织的复杂问题和有组织的复杂问题等[41]，他认为1900年以前的物理科学研究都是针对“两个变量”的简单问题，这些问题中，变量之间的关系是严格的、可以精确计算的，如某个物体在桌面的运动等；而此后，研究问题中的变量数量剧增，对某一个变量的精确判断仍可按照简单问题的处理方法进行，但是计算量却剧增，于是对这类问题的研究由单个变量转变为用统计学的方法对系列变量的描述，如平均值等，这类问题是无组织的复杂问题；然而，统计学的方法对于这类无组织的复杂问题是有效的，而当这些变量之间的关系因为数量的增加而发生变化时，有组织的复杂问题出现了，此前的方法不再适用于这类问题，因为其表现出了单个变量所不具备的特征。

打个比方，巍维尔所认为的简单问题等可以比作一场踢足球的比赛，简单问题中，只有一个人或几个人，每个人都有一个自己的足球进行射门；而无组织的复杂问题中，有无数个人、每人一个足球在射门；在有组织的复杂问题中，这些人组成了一个足球队，他们开始相互配合射门。由此可见，当前复杂性科学研究的复杂性主要对应于有组织的复杂问题，对复杂性和复杂系统的研究是随着科学研究理论、方法和技术的不断进步而自然产生的，复杂性科学与此前的科学研究有着本质的不同。

在复杂性科学的研究中，对于"复杂性"尚缺乏明确、统一的定义，而各研究学派对复杂性定义的差异性，也反映了复杂性这一概念本身的复杂、不确定特征。随着复杂性科学的发展，复杂性的概念也不断涌现。其中，计算复杂性（Computational Complexity）以计算量、计算时间的耗费为主要衡量[42]，科尔莫格洛夫（Kolmogorov）复杂性从算法的角度以程序代码的长度来衡量复杂性[43]，代数复杂性以代数计算的次数为衡量，语法复杂性是对形式语言的复杂性的测度等[40]。此外，司马贺提出分层复杂性的概念，强调复杂系统的复杂层次结构；而朗顿（C. Langton）则把复杂性理解为"混沌边缘"，认为复杂性出现于有序事物向无序转换的过程中，或者介于有序与无序之间；霍兰则认为复杂性是一种隐秩序，认为适应性造就了复杂性，而复杂性就是系统的一种涌现；钱学森则以系统再分类为基础，认为复杂性可以概括为：系统子系统之间的各种方式的通信、多种类的子系统、不同知识表达的子系统、结构会演化的子系统等[40]。

除此之外，清华大学的吴彤教授将复杂性科学中对复杂性的定义分为9类、54种，这9类又可概述为计算型复杂性、多样结构型复杂性、隐喻型复杂性三大类型，其中一些概念与本研究有着密切关联，如第1类中的"信息复杂性"，第6类中的"随机复杂性""层级复杂性""空间计算复杂性""规则复杂性""算法复杂性""基于信息的复杂性"等，以及第9类中的"涌现""自组织""复杂适应系统""自相似""奇怪吸引子"等[37]。

2.1.2　数字设计中的复杂性

在数字设计中，相比于传统的建筑设计，复杂性有着更为充分的体现。卡斯·奥特修斯、卢杰·豪威斯塔德等人都对复杂性有所研究，此外，一些学术先驱也意识到复杂性科学对于建筑学科的指导作用并提出了自己的研究理论。

卡斯·奥特修斯指出，建筑的复杂性基于简单规则而产生，结合复杂性科学中的涌现与自组织理论，他提出将建筑中的单元构件视作是活跃的组分（Active Actors），这相比于以往将建筑构件视作为固定不变的被操作对象具有本质不同。由此，建筑设计不再是自上而下的设计者思维的实现，而融合了自下而上的单元构件间的相互沟通与作用。他强调三维模型的重要性，不能被平面图或剖面图所替代。他重视数字设计中组分间的几何关系，并认为其是双向作用的；各组分不仅包含自身的信息，还能够接收其他组分的信息，并与之关联、随之改变；各组分不是完全不同或完全相同，而更可能是同时存在差异点和共同点[44~46]。

卢杰·豪威斯塔德则更为关注建筑中的信息复杂性。他早年所在团队对ARMILLA项目的研究，以设计自动化（Design Automation）为目标，将建筑中的布局关系和建筑元素进行了几何抽象，并通过建立数据库的方式试图实现任意场地、任意建筑的生成，后期转为对多用户、多任务建筑设计协作的研究，以及在现实空间中展现建筑设计的尝试[47]。在此基础上，豪威斯塔德在苏黎世联邦理工学院的研究，有相当多是围绕复杂性展开的，尝试利用复杂性科学的理论指导建筑中的复杂性研究。他所在的团队试图建立从统计设计到独立场地设计，再到数字设计、数字幕墙、数字生产链的一种新的设计方法；强调程序不是设计师的替代品，而是用来补充建筑实践的逻辑技术以实现进步的工具；强调数字建筑设计的在地性，主张提取不同的场地信息条件作为数字设计的初始条件、提供多样化的应对方案，并将以往的相关设计成果做成数据库以作为设计参考；强调超越传统的网格设计方法，而寻求新的设计思路[48~50]。

杰西·雷赛（Jesse Reiser）和南科·梅莫托（Nanako Umemoto）提出了一种新的建筑设计方法论，既包含自上而下的传统思维方式，又包含自下而上的生成式设计思路，建筑的新的组织方式"涌现"出来，其内在关系不是部分与部分之和构成整体，而是从整体到整体的关系，整体不再能够简化为个体之和，因为整体大于个体之和[17]（图2-1）。

塞西尔·巴尔蒙德（Cecil Balmond）的系列研究中有不少自相似的概念并有一些设计实验，例如在巴特西发电站南部公园剧场表皮设计中，采用了彭罗斯拼图的形式进行设计研究[51, 52]。

尼尔·林奇（Neil Leach）对于建筑的复杂性有过研究，指出建筑形态中的集群和涌现特征，并利用生物形态和数字工具，试图实现数字化的形态发生[53, 54]。

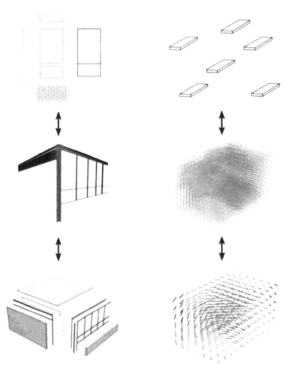

图2-1 部分和整体的关系分析
（来源：RUR提供）

美国作家史蒂芬·柏林·约翰逊（Steven Berlin Johnson）则用蚁群的集群智能行为、组群现象来类比阐述人类城市中的邻里和社会，试图更好地了解城市的现状并发现城市中的问题[55]。

综合以上内容，数字设计中的复杂性表现在三个主要方面。首先，从形态上，数字设计的建筑形态相比于一般建筑形态具有更高的复杂度。这种复杂度可能表现为基于某种复杂几何关系而构成的建筑形态，也可能表现为大量简单单元之间的复杂组合而形成的复杂形态。其次，其生成的过程具有一定的难度。这一难度前期来源于复杂形态的设计生成，该过程涉及大量的几何学、计算机图形学或者计算机编程，需要设计师具备超乎一般建筑设计师的设计与编程能力；而在后期深化的过程中，对复杂形态的功能布局安排、流线组织、构造实现、成本控制等也都具有较高的难度。最后也是最为关键的部分，在数字设计中，建筑表现为一个复杂系统，其内部组成部分（如建筑构件、空间单元、设备系统等）共同、有组织地组成了整体建筑系统，这一特点使之与复杂性科学的研究密切关联。只有应用复杂性科学中的相关理论方法，才能驾驭和解决数字设计中建筑这一复杂系统的方方面面。

在数字设计中，复杂性科学一方面是建筑师进行数字设计理论研究的引导，另一方面也是建筑师发展复杂形态的算法来源。

复杂性科学解释了自然界中复杂的自然现象和自然规律，认为一切复杂自然形态的背后都一定存在着简单的规则，这一思想对数字设计具有很大的启发作用。自然界纷繁复杂的现象和形态自古以来就是建筑师和匠人们灵感的来源，而复杂性科学对自然界形态的解释，也成了建筑师探索新的自然形态的桥梁和深入认识数字设计的理论依据。在形式语法（Shape Grammar）的研究中，即是通过对简单规则的重复应用来生成复杂多变的形态；在卡斯·奥特修斯提出的互动建筑相关理论中，将建筑的各组分视作为活跃的组分，其根源正是复杂适应系统理论学派将组成系统的元素视为具有主动性和适应性的活体的相关理论[34]。

2.2 复杂性科学理论与数字设计

复杂性科学理论是针对复杂性的系列理论研究，致力于模拟、再现复杂的自然现象或者解决实际生活中的复杂问题，其核心对象是复杂性问题。数字建筑设计中也存在着多样化的复杂性问题。相比于传统的建筑设计，数字设计往往具有更高的复杂度，从而在形态生成、功能分布、流线组织等方面都会面临一系列复杂问题。复杂性科学所应对的复杂性问题涉及自然科学与人文社会的方方面面，其中也有适应于数字设计中的复杂性问题的相关理论；应用复杂性科学理论，并辅之以计算机工具，能够更好地理解和应对数字设计中的复杂性问题。

其中，自组织现象大量存在于自然界的复杂现象中，针对自组织现象的系列自组织理论从多个角度对自组织现象进行分析、解释，并提出了模拟这些复杂现象的基本思路与方法；基于自组织理论，能够自下而上地生成具有一定系统性的有序复杂形态结果，是复杂形态生成的重要源泉。涌现理论和集群智能都属于自组织理论，并从不同的角度对自组织现象进行解读：涌现理论忽略单元本身的形态特征，而强调单元所组成的系统在达到某一复杂度时产生的新的特殊性质，且这些特殊性质并不存在于单元个体之中；集群智能则强调自组织系统在无中心管控的情况下，所展现出来的应对某些问题的集体智慧，这一特性被应用于蚂蚁寻路等算法中用以解决实际问题，而在数字设计中，集群智能并不以追求最优结果为目标，而是利用这一思想建立具有某些优化属性的建筑模型，如对周围建筑环境具有良好的适应性，或能够为场地内的区域交通提供便利等。复杂网络理论提供了一种对复杂问题的抽象化解决方法，基于这一方法可以结合建筑的功能需求或城市空间的分布条件建立适宜的建筑或城市区域形态。混沌动力学模型往往状似无序，而利用混沌动力学的理论能够建立看似随机、混沌，但又具有一定动力学特征的特殊形态，与其他几何形态或传统建筑形态具有显著不同，且能够便捷地完成形态生成。而优化算法则展现了复杂性科学理论在优化问题解决方案中的应用价值，基于这一理论方法，数字设计的思路发生了较大的转变。以往的建筑方案通过对某一或某几个方案进行改良、比较来得到较优方案，而利用计算机算法的超高计算能力，可以在短时间内快速生成大量的不同方案进行比较，从几十个甚至几百个方案中找到令人满意的优化方案。

由此，复杂性科学理论在数字设计中的应用不仅改变了数字设计的工具、方法，也影响着设计思路，启迪着设计灵感。除了以上理论之外，其他一些复杂性科学理论也可能对数字设计产生较大影响，有待进一步地研究与论证。

2.2.1 自组织理论

自组织即"系统通过自身的力量自发地增加它的活动组织性和结构的有序度的进化过程，它是在不需要外界环境和其他外界系统的干预或控制下进行的"[34]。从系统论的观点看，自组织是指一个系统在内在机制的驱动下，自行从简单向复杂、从粗糙向细致方向发展，不断地提高自身的复杂度和精细度的过程；从热力学的观点看，自组织是指一个系统通过与外界交换物质、能量和信息，而不断地降低自身的熵含量，提高其有序度的过程；从进化论的观点看，自组织是指一个系统在"遗传""变异"和"优胜劣汰"机制的作用下，其组织结构和运行模式不断地自我完善，从而不断地提高其对于环境的适应能力的过程[34]。

自组织的概念最早是在物理和化学领域定义的，用来描述微观过程与交互作用下产生的宏观层面的涌现（Emergence）现象；而后被延伸用于解释具有群体性的昆虫行为，以表现其在简单的相互作用规则下产生的复杂的群体表现，而在这些情况中，讨论群体的复杂性时并不涉及个体本身的复杂差异；同时，有研究表明，自组织在多种多样的具有群体行为的昆虫中，都是其群体现象的重要构成因素，这些群体行为使得它们能够应对并解决一些生存中面临的复杂问题。除此之外，自组织普遍存在于各个层级的生物系统中，生命单元之间的交流互动保证了多种多样的生命单元在构成整体时的协调性。而自组织并不仅仅应用于对这类昆虫问题或社会问题的研究，研究者也试图利用这种模型建立智能系统设计的相关研究[56~58]。

自组织的行为模式具有以下特征：信息共享、单元自律、短程通信、微观决策、并行操作、整体协调、迭代趋优[34]。从生物学的角度看，自组织的内部单元之间存在着大量交流和互动，彼此之间的行为互相影响；内部单元之间的沟通通过释放和接收信号的方式进行；接收信号会直接影响单元体的行为，而在信号与行为的关联上，所有的单元体遵循一致或相近的规则；单元体彼此之间的频繁沟通互动形成对外部世界的信息共享，而协调一致的反应规则则表现为有组织的群体应对行为；表现出很强的动力学非线性特征，同时可能包含对行为的正反馈或负反馈；基于自组织建立的模型并不考虑个体的复杂差异，而是以一种假设的方式将个体的行为简化[57]。

自组织理论是一个"理论群"，是研究自组织现象、规律的学说的一种集合，包括耗散结构理论、协同学、突变论、超循环理论、分形理论、混沌理论等[59]。自组织与复杂性科学中的其他概念有着密切的联系。首先，自组织所生成的群体可能表现出对周围环境的适应性（Adaptation）。在适应性算法（Adaptive Algorithm）中，按照既定的规则，通过对结果的不断衡量使得整体组织趋于优化，表现为对环境的适应；而利用自组织的方法，可以对单元行为给予正反馈或负反馈，以使整体具有更好的适应性。然而，自组织的规则设定不一定包含适应环境条件的反馈机制，因而，自组织所生成的群体可能表现出适应性，也可能并不表现出这方面特质。适应性强调环境因素的影响，而这部分影响在自组织过程中并不是必要条件。其次，自组织所生成的群体会表现出涌现（Emergence）的特点。涌现的概念本身更倾向于对结果的描述，它强调整体大于部分之和[36]的思想，强调复杂系统的整体性；而自组织则强调复杂系统形成过程中组分之间的关系，更侧重于复杂系统的生成过程而非结果；但是，自组织的过程会表现出具有涌现特征的整体系统。此外，自组织生成的系统也会表现出集群行为（Swarm Behavior）。集群行为强调具有相近大小的个体的群体性行为，是对自组织所生成的整体系统的群体性行为的一种描述，它强调这一整体系统的动态行为关系，并关注其背后所蕴含的、每个单元体都遵循的简单共同规则，而这一简单共同规则及单元体之间的微观联系即是自组织。总的来看，自组织更强调微观过程，而涌现和集群行为更侧重于宏观表现结果。

在数字设计中，自组织理论对自然现象的模拟能够用于形态生成。如鸟群的迁徙、鱼群的游动、反应扩散系统、涡流现象等，这些动态模型的建立都基于自组织理论，通过内部单元之间的通信、决策以及多次迭代而实现。基于以上自然现象所建立的模型，能够反映出自组织的特点，在大量子系统的反复相互作用中呈现出一种新的、有序的、适应性的状态，从而带来新的、具有一定适应性的空间结构，能够用于建筑形态的生成。

2.2.2 涌现理论

当某一整体或系统达到一定的复杂度时，它就会表现出其组成部分所不具有的某些特性，即为涌现（Emergence）[61]。

涌现这一词源自于拉丁语"Emergo"，原意为"上升、升起、向上或向前"。从整体与部分的关系上看，涌现意味着整体具有而部分不具有的特征；从层次结构上看，涌现是那些高层次具有而还原到低层次不复存在的行为（功能或特性）；从本质上看，涌现是由小生大、由简入繁，随着事物的演化从简单性实现出来的。系统的构成、结构、规模和环境共同造就了系统整体的涌现性，具有一定规模的复杂系统才会出现自组织现象，而自组织现象和涌现是一对"双胞胎"，不同的是，涌现强调的是系统自发形成新的宏观结构，而自组织强调的却是系统在形成新的宏观结构过程中组分之间的相互作用[34]。

从宏观角度看，城市作为一个整体系统，川流不息、灯火摇曳，也是其组成的单元所不具备的特点，也可以看作是一种更为复杂多元的涌现。在计算机工具的辅助下，涌现也表现在建筑的形态生成中，元胞自动机、限制扩散凝聚系统等计算机模型与算法也有所应用。在元胞自动机中，通过设定规则和初始状态，能够由简单地初始形体演进为复杂的形态系统，而形态系统所表现出的随机、离散、组合、变化等等特点，皆是其初始形态所不具备的，这表现为一种形态外观上的涌现；在限制扩散凝聚系统中，大量随机、无规则的粒子在运动中发生凝聚，形成了单个粒子所不具备的特殊化形态特征。

2.2.3 集群智能

自组织理论下的系统往往表现出集群智能。集群智能（Swarm Intelligence）是无中心的、自组织的一种群体性行为。集群智能系统由若干个简单代理组成，通过代理之间的相互作用、代理与环境之间的相互作用构成。这一现象常出现于自然界中，如鸟群迁徙、鱼群游动、人流、蚂蚁寻路等[62]。集群智能常表现在自组织系统中，其本质是一种基于群体的全局优化结果。这些系统的构成单元都是平等、一致的，没有任何单元能够凌驾于其他单元之上，而这些单元聚集在一起所表现出的群体性行为具有一定的智能化特征。

在数字设计中，集群智能通过单体形态的交互和忽略单体形态的代理模型两种主要模式加以展现。其中，单体形态的交互能够直接作用于几何形体，通过形体单元的形态变化来实现整体上的优化结果，如通过不断调整单元体顶点位置来获得紧密镶嵌的三维空间形态结果；在代理模型（如蜜蜂采蜜模型）中，通过几种简单的交互规则，来获得代理的变化数据，并利用这些数据实现形态生成。在数字设计中，集群智能的应用并不追求最为优化的结果，而是期待通过类似模型的建立，获得若干一致、协调的形态结果，或者获得某一由系列形态结果组成的复杂群体形态。

2.2.4　复杂网络理论

"网络是结点与连线的集合"，而复杂网络中，结点"按照某种（自）组织原则方式"连接[63]。对于任何包含大量组成单元（或子系统）的复杂系统，把单元抽象成节点，把单元之间的联系或相互作用抽象为边，即为复杂网络（Complex Network）[34]。具体地，复杂网络是指由一个节点集V和一个边集E组成的元组，E中的每条边有V的一对节点与之对应，如果E中任意的节点对（u，v）和（v，u）对应同一条边，则该网络为无向网络，否则为有向网络；如果E中所有边的长度均为1，则称网络为无权网络，否则为加权网络[34]。此外，复杂网络按照其组织原则，又可以分为规则网络、随机网络和小世界网络等（图2-2）。在小世界网络中，任意两个结点之间可以通过相对较少的连线连通[64]。复杂网络理论对于认识复杂系统具有特殊的意义。例如，著名的"六度分隔（Six Degree of Separation）"使人们意识到：尽管人际关系网络十分复杂、庞大，但是它的平均路径则是相对较短的[63]。

复杂网络隐含于数字设计中，它并不一定具有明显的表现

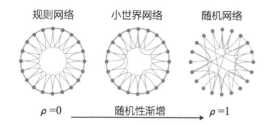

规则网络　　　小世界网络　　　随机网络

$\rho=0$ ————— 随机性渐增 ————→ $\rho=1$

图2-2　网络类型举例
（来源：张鹏宇根据文献［64］插图绘制）

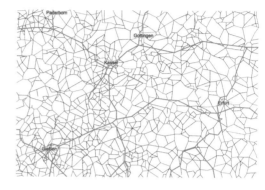

图2-3　德国部分道路网络示意图
（来源：张鹏宇绘制）

形式，也不一定会主导形态的生成，但是却存在于设计当中。以城市为例，城市中的各类组分之间的复杂关联即可以表达为复杂网络。这一特征在交通系统中表现得尤为具体，如城市间道路网络（图2-3），各个城市之间通过道路加以联系便形成了道路网络图，而城市之间的远近关系也不再仅仅是空间坐标之间的远近，而是网络图上的远近关系。在计算机科学中，复杂网络可以通过直观的计算机图（Graph）加以展现，借助于计算机图，可以更为直观地构筑复杂网络或解决复杂网络问题。在数字设计中，各组分之间存在着密切关联，组分之间的连接、从属关系，即是复杂网络问题，应用复杂网络的理论与计算机工具，能够更加快速、便捷地解决这些问题（如最短路径算法等）。

2.2.5　混沌动力学理论

混沌（Chaos）存在于很多自然系统中，如天气和气候，其核心特征为"并非随机却貌似随机"[65]。在混沌理论中，混沌的含义并不是"无序"，而是更倾向于"难以预测"，即使在"简单混沌（Simple Chaos）"系统中，没有随机因素、完全由初始状态决定，该混沌系统仍旧是不可预测的[66]，当下的情况能够决定未来，但是接近当下的情况并不能较为接近地预测未来的状态[67]。对于一个动力学系统而言，如果它同时具备"对初始状态敏感""拓扑混合""有密集的周期轨道"，那么它就是一个混沌动力系统[68]。混沌动力学理论包含有蝴蝶效应（初始条件的极细微变化随着时间的推移会显著地影响系统的宏观行为）、函数迭代（无论经过多少次迭代也不会回到初始值的非周期点）、虫口模型（逻辑斯蒂方程）、奇怪吸引子等内容[34]。

混沌动力学中的一些理论和公式模型能够直接应用于数字设计中的形态生成，如奇怪吸引子。奇怪吸引子"包含无穷多曲线、曲面或更高维流形""常以相似的集合形式出现，集合中任意两个成员间又是分开的"，是"某个混沌系统的核心"[65]。奇怪吸引子本身具有多种类型，每种类型都有明确的空间形态，可以作为数字设计的雏形直接加以利用。

2.2.6　优化理论

经典优化方法有"线性规划、二次规划、整数规划、非线性规划和分技定界等运筹学中的传统算法"[34]。智能优化方法则通过"模拟或解释某些自然现象或过程"发展而来的，是"当前人工智能应用于系统目标函数优化问题求解的一个重要领域"[34]。

复杂性科学中的优化理论对应有多种优化算法。优化算法（Optimization Algorithms）是指满足一系列限制条件和（或）系统地为变量赋予其变化范围内的某一值以实现功能优化[62]。优化算法对数字设计有着应用价值，如遗传算法（进化算法的代表）、免疫算法（识别与特异性反应）、微粒群算法（既有分散又有集群）、蚁群算法（分布式的并行算法）等。此外在复杂性科学的优化理论中，"满意"原则取代了"最优"原则，具有普遍性、模糊性、智能性以及相对性等特点[34]。这一原则也深刻地影响着数字设计。

数字设计初期往往面临着雏形选择。利用计算机所快速生成的大量形态结果多数是可用的，需要在其中选择"满意解"。值得一提的是，在数字设计乃至建筑设计中，满意解相比于最优解有着更为广泛的应用。实际建筑问题或形态的求解往往是不可穷举的，而很多建筑问题的解决并不一定是要达到一个数学上严格的最优化结果，而是在寻求一个令各方都满意，或者是各个方面都能令人满意的结果。

2.3 数字设计中的复杂性科学算法模型

在数字设计中，利用计算机作为基本工具，采用计算机编程等方法，可以基于复杂性科学的理论、模型与算法来进行形态生成。在这一过程中，计算机是模型计算与表现的工具，是数字设计的基础平台；复杂性科学中的自组织理论等，都能够通过某些模型加以展现，在此，针对前述复杂性科学理论逐一建立对应的算法模型加以举例，说明数字设计中复杂性科学算法模型的应用。

其中，鸟群迁徙模型通过模拟鸟群在迁徙过程中的交互作用，展现出自组织的特点；元胞自动机以统一的方形单元呈现出具有多样化和复杂性的整体系统，与涌现的核心概念相吻合；蜜蜂采蜜模型模拟了自然界中蜜蜂群体的采蜜过程，展现出蜜蜂群体在认识周边环境、抢占周边环境资源中的优越组织，体现出一种集群智能；图是用于展现复杂网络的基本形态，基于图能够对复杂的网络关系进行分析和整理，而基于图的计算模型也体现出复杂网络理论的应用价值；奇怪吸引子是混沌动力学中的一个核心概念，充分体现出混沌动力系统的相关特性；最短路径算法是优化理论中的一种算法模型，优化目标即为寻找多种路径中的最短方案。在数字设计中，基于以上算法模型能够对自然界的复杂现象进行模拟或者对某一复杂问题进行求解，在这一过程中所得到的数据运算结果皆可作为形态生成的数据基础，用于复杂形态的生成。

2.3.1 鸟群迁徙模型

鸟群迁徙（Bird Flock）是一种集群行为，也是一种自组织现象。在鸟群迁徙过程中，除了邻近个体之间持续不断地相互作用外，每一只鸟都受到一个"自我驱动（Self-propelled）"的力量，即不断挥动翅膀向着迁徙方向飞行。此外，鱼群等其他动物群的迁徙也具有与鸟群迁徙相似之处。

基于鸟群迁徙的代理模型目标是对鸟群迁徙过程中的集群形态进行仿真模拟，这一模拟基于自组织的基本原理进行。在鸟群迁徙的过程中，实际情况是较为复杂的，鸟的飞行是一个连续的过程，鸟之间的相互影响也是连续不断发生的，并且连续不断地作用于飞行过程，从而连续影响每一只鸟的实际飞行。但是在模拟过程中，对以上过程进行了简化和改变：首先，影响与改变的过程被离散化，将时间划分为若干个时间点，在这些特定的时间点，获取每一只鸟的当前状态并做出应对；其次，应对的模式也被简化为三种，即避免碰撞、与邻居同向、靠近鸟群中心等三大应对措施[69]。此外，鸟群中的每一只鸟被简化为一个点，从而完全忽略个体本身的影响而只关注其在群体中的位置变化。从微观上看，鸟群中的每一只鸟主要关注与邻近鸟的关系，其宏观表现的时而聚集、时而分散的鸟群状态，则是若干个单体之间不断相互作用的结果。

基于以上原理，能够构建出鸟群迁徙的模拟算法，主要包括生成初始鸟群、分离、协调方向、趋向中心、向前行进五部分。具体地，首先，设置好飞行时间、飞行速度、鸟的数量、初始鸟群的范围、初始鸟群的飞行方向范围、随机数种子、初始时间等。而后，初始鸟群在给定的空间范围内随机生成，并将行进方向控制在一定范围内。此后，根据当前的时间来执行对应的程序，若当前时间小于飞行时间，且时间为奇数，则对每只鸟依次执行分离、协调方向、趋向中心等三步算法；若是当前时间为偶数，则每只鸟沿着当前方向向前行进一定距离；若是当前时间等于预设的飞行时间，则结束循环，输出鸟群的飞行轨迹。其中，分离算法对每只鸟的位置进行检测，选取最近邻居、判断距离，若距离过小，则按照一定比例远离当前的最近邻居；协调方向算法则对每只鸟的行进方向进行检测，同时观察邻近的若干只鸟的行进方向，并朝着邻近鸟的飞行方向的平均值调整当前鸟的行进方向；趋向中心算法对每只鸟的位置进行检测，使之靠近其观察范围内的鸟群中心（图2-4）。

　　该模型所包含的数据量大且维度丰富，从不同的角度能够获取不同的分析结果。因而，利用鸟群迁徙模型生成形态，并非直接利用模拟的形态结果，而是可以利用模拟结果中的数据信息，加以处理，则可以获得形态生成结果。该结果可能展现出鸟群迁徙的特点，也可能与之迥然不同，其形态生成只依赖于模拟的数据结果，而非模拟的直观形态结果。因此，对模拟结果进行不同的处理，可以获得不同的复杂形态。

　　随机提取鸟群迁徙过程中某几只鸟的行进轨迹，通过放样的方法能够生成三维形体。选取不同的鸟的行进轨迹会获得不同的形态结果（图2-5）。就每一个形态结果而言，整体呈现为带状或筒状，表面有较多的凹凸纹理，而这些凹凸变化的纹理则来源于鸟在迁徙过程中曲折前进的行进轨迹，并与之相契合（图2-6）。

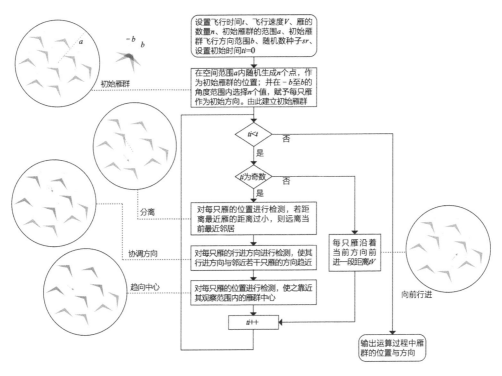

图2-4　鸟群迁徙的模拟算法与图解
（来源：张鹏宇绘制）

图2-5　十二次随机提取5只鸟的行进轨迹生成的三维形体
（来源：张鹏宇绘制）

图2-6　五只鸟的行进轨迹放样形成的三维形体示意
（来源：张鹏宇绘制）

2.3.2　元胞自动机

　　元胞自动机（Cellular Automata）最早是由冯·诺依曼（Von Neumann）和乌拉姆（Ulam）以元胞空间（Cellular Spaces）的概念提出，作为生物系统的一种实现可能，用于模拟生物的自我复制过程[70, 71]。此后，元胞自动机的概念被广泛应用。斯蒂芬·沃尔夫勒姆（Stephen Wolfram）认为，元胞自动机是物理系统的数学表达，其时间和空间都是离散的，而物理量也表现为有限数量的离散值；元胞自动机由一个规则的格网和对应于格网单元的离散变量组成；元胞自动机的值则由每个格网单元处的值决定；元胞自动机随离散的时间点演进，而每个格网单元的当前值由其邻近单元在上一个时间点的值决定；典型地，每个格网单元的邻居由其自身和所有直接相连的单元组成；各个格网单元的变化是同步发生的，这个变化基于它们的邻近单元在前一时刻的值，并以设定的局部规则为依据[72]。

　　元胞自动机的基本原理与一些社会问题、社会群体中的个体关系具有一定的相似性，而元胞自动机相比于其他算法也能够更加直接、便捷地生成三维空间形体，因而是较早被用于建筑形态的算法之一。

元胞自动机的核心内容是单元之间相互作用的规则，而规则的设定则较为自由。例如，马丁·加德纳（Martin Gardner）提出规则的设定应使得单元的行为"不可预测"；而约翰·康威（John Conway）提出的规则简单且具有这一特点，具体为：周围有两个或三个邻居的现存单元会"存活"至下一时间点，周围有四个或以上邻居的现存单元因为过于拥挤而"死亡"，周围仅一个或没有邻居的现存单元因为孤立而"死亡"，每一个有三个邻居的空白格网单元会在下一时间点"诞生"一个"活的"单元[73]。在这一规则下，单元仅有死亡与存活两种状态，单元的状态变化只与邻近的单元相关。

在基本规则不变的情况下，即使没有外部条件的影响，仅基于生死两种状态进行变化，不同的初始形也会演进出迥然不同的形态结果。例如，分别以球形、八面体、十字形和立方体状的单元体集群作为初始形，以"1、3、5个邻居则死亡，2、4、6个邻居则存活"作为基本规则，随着时间点的推进，形体会逐渐生长并趋向于球形，但是不同的初始状态在演进过程中也会产生不同的形态结果（图2-7）。

在通常利用元胞自动机进行形态生成的案例中，往往缺乏对外部环境条件的考量，很少将外部环境条件引入形态生成算法中，因而所得形体在不同环境空间中会展现出较强的相似度而缺乏个性化的特点，在此，以《虎坊桥城市综合体设计》为例，探讨引入外部环境条件下，元胞自动机在生成建筑形体中的作用与优势。

设计地段位于北京旧城区，日益发展的现代城市与传统的建筑空间在这里发生着激烈地对撞。地段的南侧邻近高耸、巨大的现代建筑，而地段的北侧则散落分布着近人尺度的四合院等传统建筑空间。在设计中，充分考虑到两种建筑尺度间的对比，试图在其

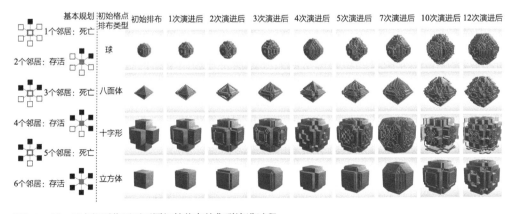

图2-7　同一基本规则作用下不同初始状态的集群演进过程
（来源：张鹏宇使用http://cubes.io/所提供的在线程序生成）

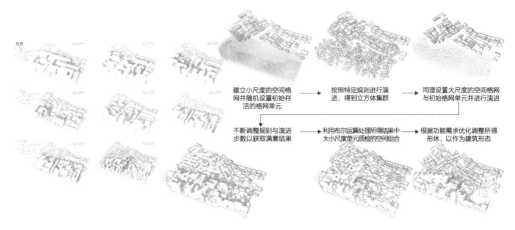

图2-8　基于元胞自动机的建筑形体生成算法图解
（来源：清华大学建筑学院学生作品，学生崔婉仪）

间寻找一种自然的过渡，而元胞自动机则被选作为生形算法，来生成这种过渡形体。

在算法设计上，以两种尺度的格网呼应两种建筑尺度、充满地段空间，并在两种格网单元中随机设置初始的存活单元，通过不断分析格网单元与周围邻居的关系以及其所在的位置来进行演进；考虑到外部的环境因素，靠近北侧小尺度建筑空间的格网单元中，大尺度的格网单元存活概率被降低，而小尺度的格网单元存活概率被提升，相似地，在南侧靠近大尺度建筑的格网单元中，大尺度的单元存活概率被提升，而小尺度的格网单元存活概率被降低；经过多次演进后，可以得到若干满意的形态结果。进一步地，利用布尔运算对这些结果进行优化：靠近南部的大尺度格网单元减去小尺度格网单元以形成消解的三维形体，而靠近北部的单元则进行融合，使小尺度的格网单元或相互依附、或依附于地面、或依附于大尺度的单元，从而降低所得形态与邻近的传统建筑空间之间的尺度对比，得到更为协调的空间形体。此后，将所得集群形体的内部单元空间进行融合，并与紧邻的传统建筑形体进行融合，从而获得连续的空间形体，以便于使用（图2-8）。

最终所得形体从南到北具有显著的变化：南部的形体较为规整、尺度较大，有较为连续的沿街立面；而北部的形体组织较为松散、独立，尺度也较小，与邻近的传统建筑空间相互交融。这一变化的形体也在对比鲜明的现代与传统建筑空间中形成了较为柔和的过渡（图2-9）。

图2-9 基于元胞自动机生成的
建筑形体与周边环境关系
（来源：清华大学建筑学院学生作品，
学生崔婉仪）

2.3.3 蜜蜂采蜜模型

相比于鸟群迁徙模型或蚁群算法，蜜蜂采蜜模型在算法上更为复杂。蜜蜂采蜜模型与蚁群算法相似而不同。相似之处在于，都通过某种方式进行信息交流，从而获得食物的位置信息。不同之处有三个方面：首先，交流内容不同，蜜蜂的信息交流只针对一个大致的方位和花粉存量，而不交流到达的路径，因为蜜蜂是飞的，蚂蚁是走的；其次，交流方式不同，蚂蚁通过沿途留下信息，而蜜蜂则是回到巢穴之中交流信息，打个比方，蚂蚁好像在沿途插满了标志物，而蜜蜂则在巢穴中有一块不断更新的"大黑板"；这两点差异导致了两种算法的较大差别，整体来看，蚂蚁的信息没有蜜蜂的信息准确，蚂蚁之间是一种间接、累积形成的交流，而蜜蜂之间是一种更为直接，但可能存在延时的交流。

通过蜜蜂采蜜模型能够对蜜蜂的采蜜行为进行模拟，模拟过程能够获得大量关于蜜蜂和花朵的空间信息数据，对这些数据进行进一步处理，则能够生成形态。不同的模拟模型会产生不同的数据结果。相比于鸟群迁徙模型与蚁群算法，利用蜜蜂觅食模型更趋向于三维空间中的信息数据的生成，空间信息数据更为复杂，规则也更为模糊，但是，这些丰富的动态三维空间信息数据仍然能够作为形态生成的基础。

从算法的角度来看，蜜蜂采蜜模型的算法包括两大循环迭代、两类对象和三种模式。其中两大循环迭代分别为随时间演进的循环迭代和对每一只蜜蜂的循环迭代，两类对象包括蜜蜂与含蜜花朵，三种模式指蜜蜂探索、采蜜和回飞的三种模式。算法流程上，首先对两大对象的初始状态进行设定，然后以两大循环为主构建算法的主体框架，而后针对每一只蜜蜂进行模式的判定、改变与应对。在探索模式下，判断蜜蜂周边的环境以搜寻含蜜花朵，确定周围环境中是否存在合适的花朵；在存在合适花朵的情况下，进一步判断是否已经到达该花朵，若已到达，则转变为采蜜模式；蜜蜂在长期无法到达适宜花朵的情况下，会因为过度疲惫而被迫返回巢穴，改变为回飞模式。在采蜜模式下，蜜蜂的当前携蜜量和花朵的含蜜量是两大判断指标，若蜜蜂携蜜量已满，则会转变状态为回飞模式，反之则会继续采蜜模式；而若花朵含蜜量为零、蜜蜂携蜜量未满，则会重新进入探索模式。在回飞模式下，对蜜蜂是否到达蜂巢进行判定，对于已经进入蜂巢的蜜蜂，判定处理其所携带的信息，而对未进入蜂巢的蜜蜂且携蜜未满的蜜蜂，在其回程路上仍进行探索发现。除三大模式之外，还有一些限制条件会约束蜜蜂的行为，例如，每一朵花至多停留三只蜜蜂，而到达蜂巢的蜜蜂会根据巢穴中的信息来重新确立下一次的飞行目标等（图2-10）。

利用交互程序，能够展现出随时间推移蜜蜂和花朵状态的改变过程（图2-11）。起初，蜜蜂向四周随机飞去，而随着一些花朵被发现，蜜蜂的飞行方向也集中于几个方向，从而某一些方向上的花朵含蜜量较其他方向明显降低。因而在该算法模型中，花朵含蜜量并不是按照距离蜂巢的远近逐步减少，而是沿着从蜂巢出发的某些方向逐步减少。值得注意的是，这一特征较为符合自然界蜜蜂采蜜的实际规律，因为在本算法中，花朵的分布是较为均匀而随机的，但是在自然界中，花朵可能是分布于蜂巢附近的某些特定区域，其分布是不均匀的，蜜蜂之间的交流在自然界中可以更快地找到聚集的花朵并集中力量进行采集。该特征也成为蜜蜂采蜜模型的数据结果相较于其他模拟模型的特殊之处。

基于以上数据结果，利用Rhino Grasshopper的插件Cocoon可以得出系列形态结果。其中，基于蜜蜂坐标位置的包络形态随时间的变化与包络单元大小的变化而变化。从时间上看，不同的时间会得到不同的三维包络形态，可能分散、有分支或者聚集成团（图2-12）；而包络单元的大小也会影响数据结果在形态上的表达，单元越小，坐标数据在生成形态上的表达则越具体，反之，坐标数据在形态上的表达则较为抽象，仅能反映出大概轮廓（图2-13）。

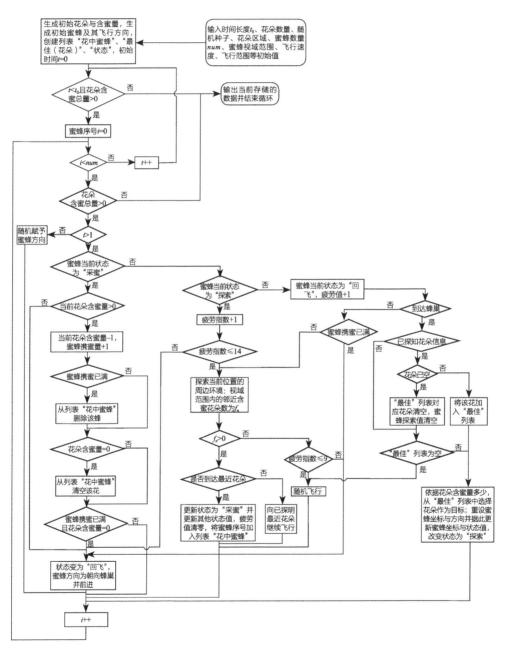

图2-10　基于蜜蜂采蜜模型的算法流程图
（来源：张鹏宇绘制）

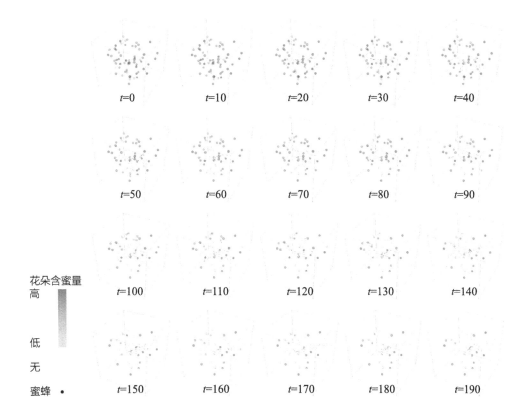

花朵含蜜量

高

低

无

蜜蜂 ●

$t=0$ $t=10$ $t=20$ $t=30$ $t=40$

$t=50$ $t=60$ $t=70$ $t=80$ $t=90$

$t=100$ $t=110$ $t=120$ $t=130$ $t=140$

$t=150$ $t=160$ $t=170$ $t=180$ $t=190$

图2-11 50只蜜蜂在60朵花中采蜜的过程模拟
（来源：张鹏宇绘制）

图2-12 不同时间点蜜蜂坐标位置的三维包络形态
（来源：张鹏宇绘制）

图2-13 蜜蜂坐标位置集合的包络形态随单元大小变化（由左至右递增）
（来源：张鹏宇绘制）

2.3.4 图

图（Graph）是一种结构，它表示某一集合内的元素之间的相互关系。这一概念在参数化设计中也有着广泛的应用，可以用于构筑多面体或者更为复杂的空间网络。多面体可以用图的形式加以表现。图一般由点及其之间的连线组成，图中的点不一定包含位置坐标。

图本身仅代表一种网络、一种结构关联，图的种类也是无穷的，每一种不同的网络关系都可以生成对应的图（图2-14）。

此外，基于图可以求解网格两结点之间的最短路径（图2-15），也可以利用Mathematica中的"Find Shortest Tour"指令快速求解，获得若干点之间的最短遍历解（图2-16）。

基于最短遍历所得的形态结果为一条连续的曲线，没有自相交，且为封闭曲线，可能是平面曲线或三维曲线，取决于初始点的分布。该曲线形态与自然界中脑

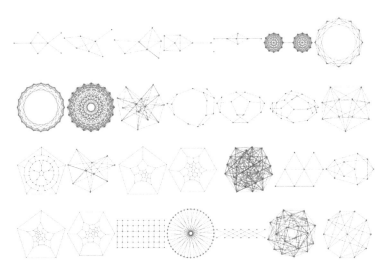

图2-14 多种多样的图举例
（来源：张鹏宇利用Mathematica软件数据库生成）

图2-15 基于图计算出的两点间最短路径（图中红色线段）
（来源：张鹏宇绘制）

图2-16　最短遍历的求解结果举例
（来源：张鹏宇绘制）

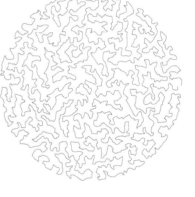

图2-17　脑纹珊瑚与最短遍历结果比较
（来源：左图http://www.messersmith.name/wordpress/tag/acropora/，右图张鹏宇绘制）

纹珊瑚的形态相似，都是连续、曲折的线性图形，但是自然状态下的脑纹珊瑚可能出现端点与分叉，而最短遍历的形态结果则始终保持单一、无交叉、封闭曲线等特征（图2-17）。

2.3.5　奇怪吸引子

奇怪吸引子（Strange Attractor）是"具有复杂几何结构的吸引子"，具有"某种类型的双曲性"[68]。在动力系统中，"一个奇怪吸引子就是某个混沌系统的核心"[65]。并非所有的吸引子都是奇怪吸引子，其中最简单的是吸引不动点。对于吸引不动点而言，所有的轨道都具有同样的渐近性，因而，其对初始条件并不敏感，初始条件的微小改变不会对其渐近结果产生影响。而奇怪吸引子则不同，初始条件的微小变化会对结果产生显著影响；此外，奇怪吸引子还具有分形结构，并且广泛地存在于动力系统中[66, 68]。奇怪吸引子有多涡卷吸引子（Multiscroll Attractor）、恩农吸引子（Hénon Attractor）、罗斯勒吸引子（Rössler Attractor）、桎吸引子（Tamari Attractor）和洛伦兹吸引子（Lorenz Attractor）等不同类型，对应有不同的轨道形态。

依据奇怪吸引子对应的函数公式，可以在Mathematica中生成对应的三维曲线形态，也可以在Chaoscope中选择对应的吸引子进行形态生成（图2-18、图 2-19）。

基于奇怪吸引子能够生成系列具有循环运动之感的形体，可以用于建筑场地或建筑单体的形态设计。

以Chaotic设计方案为例，该方案利用吸引子的原理进行场地规划与建筑单体

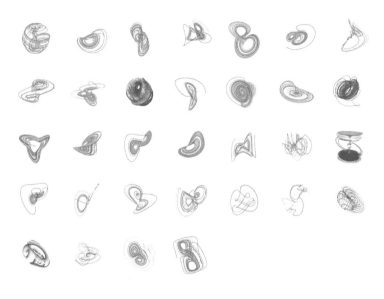

图2-18 基于各类吸引子公式生成的三维轨道形态（来源：张鹏宇利用程序 "A Collection of Chaotic Attractors" 生成）

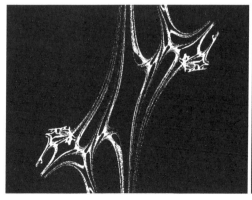

图2-19 利用Chaoscope生成的三维点云形态
（来源：张鹏宇生成）

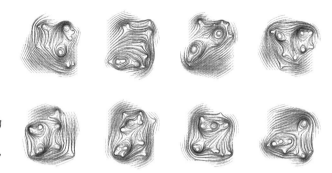

图2-20 基于吸引子与平面点阵的
场地规划设计举例
（来源：清华大学建筑学院学生作业，
学生：杜光瑜、王佳怡）

结构骨架

建筑表皮

整体形态

图2-21 基于奇怪吸引子的建筑单体生成
（来源：清华大学建筑学院学生作业，学生：杜光瑜、王佳怡）

的生成。就场地规划而言，首先，在给定的场地范围内设置吸引子与点阵，以吸引子驱动、影响点阵的运动，从而形成回旋、交织的平面形态（图2-20）；进一步地，通过不同的吸引子与参数设置，将多种形态结果叠加以形成场地的整体形态。在生成建筑单体时，基于奇怪吸引子的空间曲线生成线性的结构骨架与面状的建筑表皮，两者结合共同构筑建筑形态（图2-21）。

2.3.6 最短路径算法

寻找最短路径的算法有迪杰斯算法、Floyd算法、SPFA算法等，而这些算法仅关注最终的结果，对于形态生成的应用价值较小。而原始的蚁群寻路模型则通过对蚂蚁的寻路行为进行模拟来获取最短路径，其算法中包含的数据较多，更适于作为形态生成的模型。

在最原始的蚁群模型中，蚂蚁有两条以上长短不一的、通向食物的路径可供选择（图2-22）：在初始状态下，蚂蚁选择各种路径的概率是一样的，但是选择最短

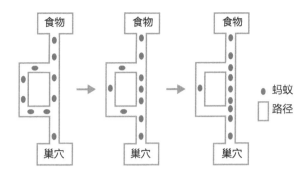

图2-22　蚁群寻路的模拟雏形
（来源：张鹏宇根据下列来源绘制https://en.wikipedia.org/wiki/File:Artificial_ants.jpg）

路径的蚂蚁能够更快地在食物与巢穴之间往返，从而往返的频率较高；由此，蚂蚁沿最短路径所留下的信息素也较多于其他路径；而这样又会影响蚂蚁的选择，故而经过一段时间后，大多数蚂蚁都会在信息素的影响下"自觉"地选择最短路径，从而完成了自组织的过程[74]。

通过对蚂蚁寻路的方法进行学习、加以利用可以生成形态。以《东京2020奥林匹克公园设计方案》为例，该方案模拟食物对蚂蚁的吸引作用来生成路径以作为形态，具体算法包括：首先，设置初始食物点与初始的路径生长点；而后，对每一个食物点，寻找最近的生长点并建立由该生长点指向对应食物点的向量；对每一生长点，根据所对应的向量进行"生长"，从而建立新的生长点，生长点若"相遇"则停止生长，生长点在某一个路口可能在向量的作用下发生分裂，进而产生分叉；在生长过程中，删除距离生长点过近的食物点（视作已经获得该食物点的食物）；然后，判断当前的食物点的数量，若数量为零，则停止生长，反之，则重复第二步；经过若干次循环后，可以获得一张生长路径构成的网络（图2-23）。该方法同样适用于三维空间，在三维空间中，由所得路径生成管状通道，即可获得实体空间形态（图2-24）。

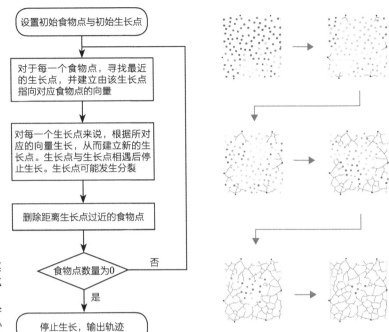

设置初始食物点与初始生长点

对于每一个食物点，寻找最近的生长点，并建立由该生长点指向对应食物点的向量

对每一个生长点来说，根据所对应的向量生长，从而建立新的生长点。生长点与生长点相遇后停止生长。生长点可能发生分裂

删除距离生长点过近的食物点

食物点数量为0 —— 否

是

停止生长，输出轨迹

图2-23 蚁群寻路模型启发下的形态生成算法与过程图解
（来源：清华大学建筑学院学生作业，学生：孙鹏程、王靖淞）

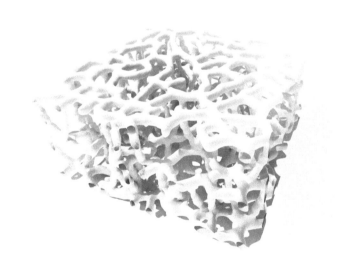

图2-24 蚁群寻路模型启发下的三维形体生成
（来源：清华大学建筑学院学生作业，学生：孙鹏程、王靖淞）

CHAP
3

第 3 章

复杂形态与计算模拟

3.1　自然界中的复杂现象及复杂形态

　　本章首先让我们回到研究对象本真的原初，即自然界及人类社会所展现出的复杂现象。

　　现象指存在物质在人脑意识层面的反映或认知，它是通过人类知觉渠道而实现的，也就是人类通过听觉、嗅觉、味觉、触觉、视觉、感觉等六种知觉途径将存在的东西映射在人类大脑认识之中，这里我们着重要讨论通过视觉所呈现的认知，即可以通过人眼捕获的具有形态的现象。

　　"复杂"，如上章所述，"复"的本义是往返、返回，"行故道也"，由此引申为繁复、重复，而"杂"本义指五彩相合、颜色不纯，引申为混合、错杂等义；"复杂"本义即"事物的组成多且杂"，又指"难于理解和解释，不容易处理，不清楚"。在日常生活中，简单与复杂相对，复杂与简单在事物的比较中产生，而这种比较是基于事物具有的系统与层次加以判断的，判定的标准和结果则因人、因时而异。

　　因此，"复杂现象"一词指，通过人类知觉渠道而获取的对繁复、重复、混合、错杂的物质存在的认识。自然界及人类社会中均存在各种复杂现象，前者如天气气象的瞬息万变，后者如股票市场的不可预测等。复杂现象可以分为两类，一类是基于秩序和规则的，称为"有序复杂"，另一种复杂则完全是"杂乱无章"，或者称之为"无序复杂"。"无序复杂"与"有序复杂"的区别在于，没有内在生成规律的复杂只能称为"混乱"。噪声和优美音乐的频率区别在于：音乐有分形重复性，而噪声却完全无序，缺少节奏相似性。同样，单纯而没有韵律的视觉复杂性并不能造成美感。建筑被称为凝固音乐，因为两者之间都具有"韵律"通感。如同音乐中有序的抑扬顿挫与噪声的区别一样，有序的非线性复杂将产生强烈的动感与韵律感，形成视觉与心理上的"动力"，有明确的指引性和导向性。反之，纯粹追求"复杂"，为复杂而复杂往往产生的是没有美感的噪声和缺少内部逻辑的形态。例如，一棵优美的树型、一片有序的山林的自然美与一丛杂草具有显著区别，火山岩石林所产生的秩序感与一片乱石岗在构成规律上也具有本质不同。

本章主要讨论的内容为，可以通过视觉而获得的对复杂的物质存在的认识，即繁复、重复、混合、错杂的物质形态，可称其为"复杂形态"。自然界中的树木、岩石、山脉、云彩、星系等都有复杂的形态，科学家研究发现，事实上他们都具有共同的形态特征，即分形的形态趋势，通过计算技术并基于分形的形态规则，我们可以对这些复杂形体进行模拟；再如，河流、树枝、叶脉、闪电形成具有惊人相似的分支形态，实际上我们可以用相同的规则来描述这些现象的形态特征，并可以用数字技术来再现这类形态。当然这样做的目的是为建筑设计获取更多的形式源泉。

3.2　发现并模拟新的复杂形态

复杂现象是动态变化的，其展现的复杂形态也是在某一时间段内展现的，某些复杂现象展示的复杂形态需要在一定条件下才能出现。本节将介绍通过物质实验的方法所展现的平常不为人所见的动态复杂现象及其呈现的复杂形态，并在此基础上，对这些复杂形态进行分析研究并发现其特征或规律，进而以某种规则，或规则系统，或某种算法近似地描述形态特征或规律，从而进一步用计算机语言将规则或规则系统写入计算机形成软件程序。这一程序可以模拟实验的结果，同时可以创造一系列同族的复杂形态，从而为建筑设计的找形增加多条新的渠道。

3.2.1 物质实验举例

下面介绍三个物质实验，以及它们所展示出的优美的动态复杂形式。

1. 石蜡与墨汁混合物质实验

将石蜡的碎片与墨汁进行混合，并放在微波炉内加热，随着石蜡溶化及墨汁中水分蒸发，产生了如图的复杂形态（图3-1）。对产生的形态进行分析，其特征很明显可描述为，不规则多边形的聚合，由于有墨汁的阻隔，在多边形之间留有空隙，形成不嵌套的多边形集合。

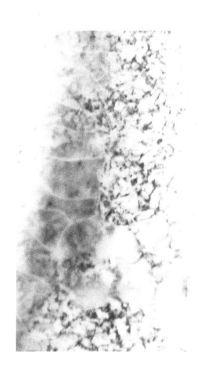

图3-1　石蜡与墨汁混合物质实验
（来源：作者教学studio的学生作品）

图3-2　荧光试剂物质实验
（来源：作者教学studio的学生作品）

2. 荧光试剂物质实验

将无色透明的荧光试剂B放在塑料杯中，然后用注射器将黄色的荧光试剂A缓慢注入荧光试剂B中，观察实验现象，荧光试剂A将进行扩散运动，产生动态复杂的形态（图3-2）。观察并分析实验过程可知，荧光液滴的扩散规律为，自身扩散成环，繁复卷折；同时因为受到母体溶液阻碍与黏滞，它成絮状扩散；这一综合运动属于混沌运动。

3. U胶物质实验

将U胶满铺于一块平板玻璃表面，然后用另一块平板玻璃压在上面，并多次拉伸。其结果在玻璃表面产生树枝型图案；板间胶体成丝状简单联结（图3-3）。分析其形态

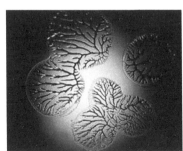 

图3-3　U胶物质实验
（来源：作者教学studio的学生作品）

具有如下特征，玻璃表面产生的图案为典型的枝杈图形，具有边界轮廓、具有形心等图案属性；板间胶体为光滑曲面，曲面胶体之间形成空间。

3.2.2 实验展示的复杂形态的计算模拟及其应用

基于上述实验所产生的复杂形态，以及对其特点的分析，可以看出这些形态组成的规则，进而通过规则系统或算法可以描述它们，最终可通过计算机语言程序来模拟它们。

1. 石蜡与墨汁混合实验形态的模拟

首先研究形态组成的规则系统，以Voronoi算法为基础，该算法可被简述为，在一组点的基础上，点与点连线的法线将构筑多边形的聚合形体。由于Voronoi构筑的是封闭的多边形的聚合形体，如果可改写Voronoi的算法关系，使改写后的算法能够构筑非封闭的多边形的聚合形体，则能模拟实验形态。这里可选用Grasshopper工具，将上述改写后的算法写成一个Grasshopper程序，这样便能生成与实验结果近似的复杂图形（图3–4）。我们可将这一算法命名为，非闭合不规则多边形聚合算法（Unclosed Voronoi）。

为了将这一程序用于建筑设计，进一步将非闭合Voronoi改写成可生成三维不规则多边体聚合的程序，可称之为3D非闭合Voronoi算法。用这一程序可生成如图3–5所示的形态；如果进一步改写程序，把生成的多边体放入一立方体并形成阴影，便可得到图3–6所示的装置设计。

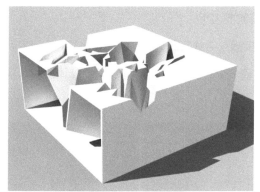

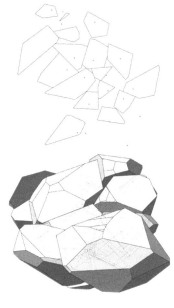

图3–4　非闭合 Voronoi算法生成的复杂图形
（来源：作者教学studio的学生作品）

图3–5　　3D非闭合Voronoi算法生成的形体
（来源：作者教学studio的学生作品）

图3–6　非闭合不规则多边体聚合装置
（来源：作者教学studio的学生作品）

（a）透视图

（b）画廊室内

图3-7 3D非闭合Voronoi
算法用于798画廊设计
（来源：作者教学studio的学
生作品）

通过实验发现新形态的目的在于发现新算法，当然终极目标还是要用其来进行建筑设计找形。这一研究结果可以用来进行北京798某一画廊建筑的设计［图3-7（a），图3-7（b）］，从设计结果可见，它创造了别有特色的建筑形象。

2. 荧光试剂实验形态的模拟

同样首先研究形态组成的规则系统，为了模拟荧光液滴混沌运动所展现的复杂形态，用Chaoscope这一软件的菜单功能可以表现混沌运动，其中的Polynomial（多项式）算法可以近似地模拟荧光液滴的扩散运动，因而用多项式算法作为形式生成的规则系统，用软件菜单Polynomial Function可生成近似实验结果的复杂图形（图3-8）；用这一软件多项式的其他算法如Polynomial Sprott，Polynomial Type A等可生成其他混沌形体为设计服务。但是，这一软件生成的形体是点云，不能直接导出和编辑，这样就要通过其他手段，将点云转化成可编辑的图形。比如，可先将图形点云导进Matlab，再从Matlab通过程序导进Geomagic，让点构筑Mesh，优化Mesh后，将Mesh导入Rhino便可编辑了。我们可将荧光试剂形态模

图3-8 用Polynomial Function生成的图形
（来源：作者教学studio的学生作品）

（a）透视图

（b）立面图

图3-9 用混沌扩散多项式曲面体算法生成的设计
（来源：作者教学studio的学生作品）

拟的这一算法命名为，混沌扩散多项式曲面体算法（Chao-proliferate Polynomial Curves）。

这一生形算法的特点在于能够生成连续、流动的混沌曲面体。在北京798的另一街角计划建设一个艺术画廊，其建筑形体基于场地的条件及使用的要求，使用混沌扩散多项式曲面体算法可以获得建筑方案设计（图3-9）。

3. U胶实验形态的模拟

首先研究形态组成的规则系统，为了模拟这一图形的动态生成过程，将初始图案抽象成计算机可识别的数字化模型，即以点阵代表胶体分子，每个点的移动模拟胶体的收缩，点阵的密度代表胶体的聚敛度，以此作为编程的基础。在模拟过程中，将实验的动态性简化为计算机中的多次循环迭代，每次迭代计算出每个点的运动状态，包括是否运动及运动矢量，每个点具有的参量包括：a–位置（空间坐标）；b–是否运动（布尔值）；v–运动矢量（向量）；n–迭代次数（数字）；d–该点处的板间距（数字）；1–该点处胶体能被纵向拉伸的最大长度（数字）；r–随机变量（数字、布尔值、向量）。完整的算法关系可见图3–10。

以上是对玻璃表面上平面图形的模拟，此算法可以向更高维度扩展，即用同样的算法逻辑可以生成三维形体。对应的物理现象可以解释为在四维空间中拉开的胶体在三维"面"上的聚敛图案。选用Grasshopper，将上述算法写成一个脚本语言程序，这样便能分别生成与实验结果近似的平面图形以及三维扩展后的三维形体（图3–11、图3–12）。我们把通过U胶实验所获得的形态模拟算法命名为：三维枝杈体算法（3D Twigs）。

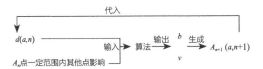

其中d（a,n）：A点处板间距离d，由A点坐标a以及迭代次数决定；b：A点是否运动（布尔值）；v：A点运动矢量；A_n：第n次迭代后的A点

图3–10 模拟U胶实验形态的算法关系
（来源：作者教学studio的学生作品）

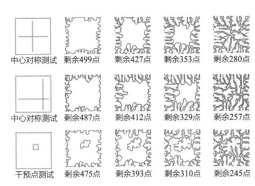

图3–11 U胶实验形态的平面图形模拟
（来源：作者教学studio的学生作品）

图3–12 用三维枝杈体算法生成的形体
（来源：作者教学studio的学生作品）

在北京798的艺术广场计划建设一个画廊，设计场地为一方整的空间，结合这一场地的条件，用三维枝杈体算法进行形态生成设计，设计结果创造了折面构成的体量以及内部空间（图3-13）。

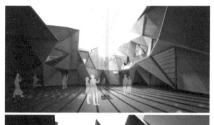
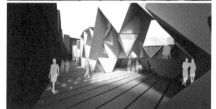

（a）透视图

（b）庭院透视

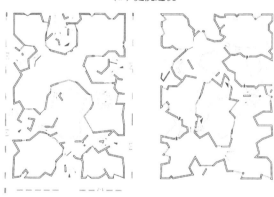

（c）平面图

图3-13　用三维枝杈体算法设计的798画廊
（来源：作者教学studio的学生作品）

3.3　生物形态的计算模拟

3.3.1　生物形态

生物学是自然科学的分支学科，源自博物学，主要研究生物的发生、发展、功能、结构、生物体与环境的关系等。19世纪生物学主要研究生物的结构和功能问题，后来同自然哲学一起关注生命的多样化以及不同生命形式之间联系的问题；20

世纪经过了实验生物学、分子生物学、生态与环境科学的发展，生物学进入系统生物学时期，研究范围涉及环境、心理等领域，是一门综合性的学科。

这里主要关注生物学中有关"生物形态"的概念。对生物形态的研究几乎与生物学的发展同步，在19世纪早中期，博物学家们已经在"生物形态多样性与地理分布之间的联系"方面有丰富的论述，洪堡用物理和化学定量分析的方法研究生物形态与其生长环境之间的关系，揭示了自然和生物形态之间的因果关系；在洪堡研究的基础上，地质学的发展使生物形态的研究多了一个层次；居维叶提出"生物在形态上存在'亲缘'关系"，客观上为进化论提供了理论基础；达尔文借取洪堡的地理学研究方法，同时受莱尔的均变论启发，并融入马尔萨斯关于人口学的理论，对生物形态进行深入研究，创造性地提出了基于自然选择的演化论，他于1859年出版巨著《物种起源》（*On the Origin of Species*），至此，生物形态形成的原因已经明确。生物形态是自然选择作用下，生物适应自然的形态，它因地理环境和时间的不同而不同，具有多样性、复杂性特点。同时期，生理学的发展突飞猛进，细胞理论、胚胎学、化学等学科在微观上也证明了达尔文理论的正确性。

20世纪生物学向着宏观和微观两个方向发展。在宏观方面，发展出生态学和环境科学，提出一系列新的思想如"生态演替的概念""种群之间此消彼长的振荡规律"，最终将群落内不同群体之间的关系放在了核心研究的位置，并阐述了种群、群落的形态以及形态形成的原因；在微观方面，发展出分子生物学、生物化学和微生物学。这一时期分子生物学领域取得了最具有划时代意义的成果，即首次描述了DNA的双螺旋结构，确定了生物大分子的基本形态；而微生物学在显微镜被发明后，在细胞及其群体尺度上研究微小生物，展示了细菌、真菌、藻类等微生物的形态结构、生态分布、进化变异等规律，同样取得丰富的成果。这些生物形态的科学研究成果是基于生物形态的建筑设计研究的前提。

生物形态不仅具有多样性，而且具有某些共同的特征和属性。19世纪德国科学家施莱登和施旺提出细胞学说，认为动物与植物都是由相同的基本单位"细胞"所组成的 。生物具有多层次结构模式，相同细胞聚集成群就形成了生物的组织（Tissue）；多种不同的组织可组成器官（Organ）；一起完成任务的多个器官形成系统（System）；不同功能的各个系统构成多细胞生物个体（Biont）；而生物个体又以一定的方式组成群体（或称种群Population），种群是各种生物在自然界中存在的基本单位，在同一环境中，生活着不同生物的种群，它们彼此之间存在着复杂的关系，共同组成一个生物群落（Biome）；生物群落加上它所在的环境就形成生态系统（Ecosystem），如一片沼泽就是一个生态系统；生态系统的更高结构层级便是生物圈（Biosphere）。

进入21世纪，生物学及其分支学科在科学、技术、设备和互联网的影响下一方面向纵深方向发展，另一方面，生物学与其他学科交叉发展，形成了众多生物交叉学科。本书研究的目的是试图发展生物学与建筑学的交叉，尝试通过数字技术，将生物形态与建筑设计的形式生成相结合，以拓展建筑设计的范围[75]。

3.3.2 生物形态与计算模拟

从细胞到生物圈，生物在各个层级都存在着丰富的生物形态，比如，在植物组织层级，有原生分生组织、次生分生组织、通气薄壁组织、吸收薄壁组织等不同形态的组织，在植物器官层级，有根、茎、脉序、花序等不同形态的器官，这是生物多样性的表现形式，这些生物形态取决于遗传基因以及外部影响，它们经历了漫长的进化过程，因而是相对合理的存在。

在生物学上，对生物形态的研究已有丰富的科学研究成果，比如达西·汤普森早在1917年就用解析几何、拓扑学、几何学以及机械物理学方法，论述了生物形态千差万别的原因；数学生态学家依维琳·皮埃罗通过数学建模论述了种群动态空间形式；S·鲁宾诺基于线性代数和图论的基本微分方程，阐述了细胞生长、酶促反应、生理示踪、生物流体力学和扩散等生物现象和形态。

　　建筑设计学者对生物形态的研究并不像上述科学家对其进行的科学探究，建筑研究在某种程度上更具有设计专业的功利性，主要兴趣在于生物形态的形式，比如生物体态、生物形态的内在结构关系、生物形态发生及发展规律、生物动态行为轨迹等，这些生物形态所展示的形式对于建筑设计具有无穷的吸引力，它们为建筑设计提供了丰富的形式创造原型。

　　起初，将计算机技术与建筑设计相结合的探索，给生物形态的设计模拟打开了一扇门，对复杂的生物形态的模仿可以通过计算来实现，并且同样的计算程序可以结合设计要求、用以生成建筑设计雏形；进而言之，由计算机生成的设计形体，由于计算机内构筑形态的时候具有基本结构关系逻辑，因而，它也为建筑的实际建造奠定了结构及构造基础。这一新生的设计途径很明显为生物形态的建筑设计提供了一条科学且便捷的道路。

　　计算模拟的核心是算法或称规则系统，算法包含了所要生成的形态的特征的描述，算法决定通过计算生成的形态的结果。因此，设计形体的生成若要借取生物形态，首先需要辨析生物形态的特征，并把这些特征体现在算法中，进而把算法写入程序，通过计算就可生成具有某种生物形态特征的图形。对于程序而言，它不仅可以模拟生物形态原型，同样可以根据不同条件生成新的设计形体。

　　因此，对生物形态的计算模拟主要在于"生物形态算法"的研究，通过不同层级的生物形态的逐个算法案例研究，最终可建立生物形态模拟算法库。为此，可通过以下过程得到生物形态的设计模拟，即从生物形态的观察记录开始，用语言描述生物形态的特点，用分析图表现其特征，进而建立算法，把算法写入程序，在计算机内运行程序生成模拟的生物形态，并用此程序生成建筑设计形体。作为结果，模拟的形式将可从这一过程中发展而来[75]。

3.3.3 生物形态的计算模拟案例

本节以植物器官形态"叶序"为例，阐述生物形态的算法研究以及用数字图解设计方法进行的建筑设计过程。

叶序分为互生叶序、对生叶序、轮生叶序、簇生叶序四种（图3-14）。互生叶序是每节着生一片叶，交互而生；对生叶序是每节着生两片叶，相对而生；轮生叶序是每节着生3片或多片叶，辐射排列；簇生叶序是在短枝上叶子簇状着生。这里将以互生叶序为例进行形态研究的阐述。

1. 互生叶序的形态特点

分析互生叶序，其形态具有如下特点：①每节着生一片叶；②相邻着生的叶子之间平面投影夹角为137.5°；③从平面上看，叶子形成两组方向相反的曲线（可用阿基米德曲线来描述），两组曲线的个数具有规律性（可用费波拉契数列的相邻两项表示）；④叶片形成的螺线的圈数与这些圈中生长的叶片数量也具有规律性（可用费波拉契数列的两个相邻隔项来表示）（图3-15）。

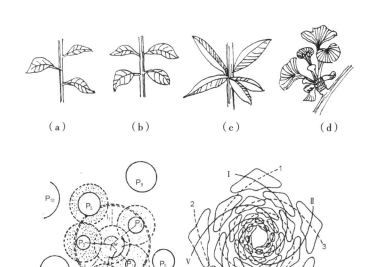

图3-14 叶序形态
（来源：李煜茜绘制）

（a） （b） （c） （d）

图3-15 互生叶序形态特点分析图
（来源：李宁绘制）

图3-16 互生叶序形态在植物种子
和果实中的体现[75]

互生叶序的形态在多种植物的器官形态中均有体现，比如植物果实的排列（图3-16）。

2. 互生叶序的形态分析图

图3-15左侧图表示叶片生长的特点，它按照固定角度（137.5°）以年龄顺序生长；ac为顶端细胞，P_1、P_2、P_3、P_4等为按照年龄顺序排列的叶原基，P_4年龄最大；I_1、I_2为即将产生的叶原基，大的双虚线表示的圆周是生长锥的大体范围，亚顶端区在双虚线圆周之外，单虚线的圆周表示每一叶原基的抑制范图；左侧图中2周的螺旋线内生长了5片叶片（以原点计，每个叶子旋转137.5°，5片叶子共旋转687.55°）；叶子的生长轨迹连接起来为一条阿基米德曲线，而形成后的点阵会形成如图3-15右侧图的两个方向的螺旋线，左旋螺线条数为5，右旋螺线条数为3，为费波拉契数列的相邻两项。

3. 互生叶序的形态算法研究

互生叶序的形态算法关系可以算法框图的形式表示（图3-17），在图中，步骤2中因按照互生叶序排列的叶子着生点的投影在平面上会形成两个方向的螺旋曲线，如果其总的点数为上述的$N=(a_n)\cdot(a_{n+1})$，则步骤6中形成的同一方向上的所有折线控制点数相等，反之则不相等。

步骤3中的137.5°是本算法的核心数据，互生叶序中相邻长出的叶片理想夹角均为137.5°。

步骤4中因阿基米德螺旋线和对数螺旋线的形成机制不同，阿基米德螺旋线上的点距离中心起始点的距离成等差数列，对数螺旋线上的点距离中心起始点的距离成指数关系。如果把植物的茎看作是从下而上截面直径均匀变化的，则叶基着生在颈上的点所形成的曲线即是阿基米德螺旋线。

因此处论述的相邻点的角度差为137.5°，角度过大，在步骤5中若要形成相应的螺旋曲线，须在相邻点之间插入点，方可形成相应的螺旋曲线。

步骤6中的折线即为相反的两个方向的螺旋折线，条数为斐波那契数列的相邻两项。

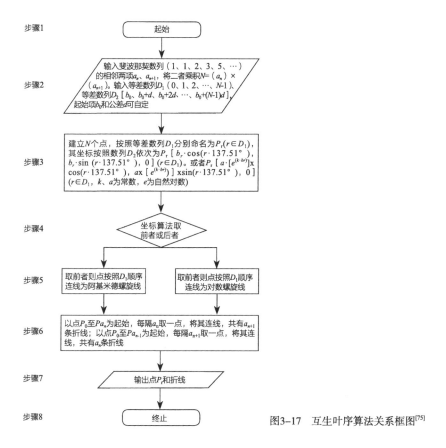

步骤1　起始

步骤2　输入斐波那契数列（1、1、2、3、5、…）的相邻两项a_n、a_{n+1}，将二者乘积$N=(a_n)\times(a_{n+1})$。输入等差数列D_1（0、1、2、…、N-1），等差数列D_2[b_0、b_0+d、b_0+2d、…、$b_0+(N-1)d$]，起始项b_0和公差d可自定

步骤3　建立N个点，按照等差数列D_1分别命名为$P_r(r\in D_1)$，其坐标按照数列D_2依次为P_r[$b_r\cdot\cos(r\cdot137.51°)$，$b_r\cdot\sin(r\cdot137.51°)$，0]$(r\in D_1)$。或者$P_r$[$a\cdot[e^{(k\cdot br)}]x\cos(r\cdot137.51°)$，$ax[e^{(k\cdot br)}]x\sin(r\cdot137.51°)$，0]$(r\in D_1$，$k$、$a$为常数，$e$为自然对数)

步骤4　坐标算法取前者或后者

步骤5　取前者则点按照D_1顺序连线为阿基米德螺旋线　　　取前者则点按照D_1顺序连线为对数螺旋线

步骤6　以点P_0至Pa_n为起始，每隔a_n取一点，将其连线，共有a_{n+1}条折线；以点P_0至Pa_{n-1}为起始，每隔a_{n+1}取一点，将其连线，共有a_n条折线

步骤7　输出点P_r和折线

步骤8　终止

图3-17　互生叶序算法关系框图[75]

4. 用程序实现互生叶序的形态算法

互生叶序算法可以用多种软件或计算机语言编程予以实现，此处采用的是Rhinoceros内置的Python语言编程。

步骤2是斐波那契数列的建立以及取值，它的特殊性在于每项数值等于前两项数值之和，且第一、第二项数值均为1。Python语言的内置函数中没有斐波那契数列的函数，因此需要用迭代的方法予以实现。

步骤3是在上一步的基础上进行点阵的建立，点阵围绕着一个中心展开，可以用极坐标的方法赋值。

步骤4是取出每隔一定数量的点，将其连成折线。本次生形是每隔21或者34个点取出1点。

步骤5是给每个点编号，编号从0开始。

步骤6是在生成形体的基础上，对每个点的生长顺序进行连线，形成算法中说明的螺旋线，但是137.5°的角度过大，需将相邻生成的点之间分成若干份，形成中间点，之后形成螺旋线。

　　将上述的语言写入Rhino Python Editor，可以模拟出生物形态原型（图3-18）。图中左侧图为Xextract=4（对应的斐波那契数列第五项的数值是5）时，计算生成的基本生物形体，共有40个点；右侧图为Xextract=7（对应的斐波那契数列第八项的数值是21）时，计算生成的形体，因点多而密集，点的编号没有显示。

　　如果将步骤3中的mpoint=rs.AddPoint（i·math.cos（$i·r$），i·math.sin（$i·r$），0）中的i·math.cos（$i·r$），i·math.sin（$i·r$）修改为（math.pow（$e,i/10$））·math.cos（$i·r$），（math.pow（$e,i/10$））·math.sin（$i·r$），则由外而内地生成形体，如果把点按照n的次序连起来，则成为对数螺旋线，与算法中的步骤6相呼应（图3-19）。图中的左侧图和右侧图均为Xextract=5时，计算生成的形体，共有104个点，左侧图点的x、y坐标值为（math.pow（$e,i/10$））·math.cos（$i·r$），（math.pow（$e,i/10$））·math.sin（$i·r$），右侧图点的x、y坐标值为（math.pow（$e,i/50$））·math·cos（$i·r$），（math.pow（$e,i/50$））·math.sin（$i·r$）。两个图的相邻点连线均形成对数螺旋线。

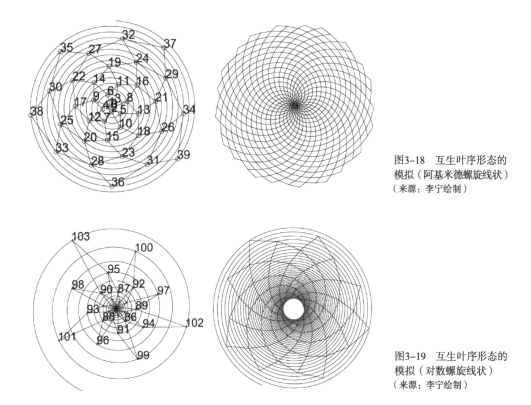

图3-18　互生叶序形态的
模拟（阿基米德螺旋线状）
（来源：李宁绘制）

图3-19　互生叶序形态的
模拟（对数螺旋线状）
（来源：李宁绘制）

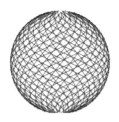

图3-20　Processing程序生成的点阵及点阵连线后的形体
（来源：李宁绘制）

图3-21　互生叶序算法生成的形体之一
（来源：李宁绘制）

图3-22　互生叶序算法生成的形体之二
（来源：李宁绘制）

图3-23　互生叶序算法生成的形体之三
（来源：李宁绘制）

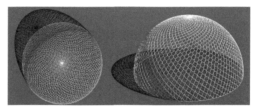

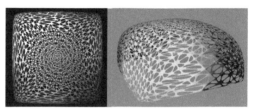

5. 其他形体的生成

该算法控制形体生成的参数是初始输入的数列、点坐标的生成方程，对生形参数进行改写或者更换软件可以生成其他的形体。

比如在Processing软件里模拟互生叶序算法的点阵，并在球体上排列，得到沿着球体表面布置的点阵（图3-20）。

由此可见，输入的条件不同，部分改写算法，或改变参数，可以生成不同的形体，满足不同需要。

在基本生物形态关系的基础上对点的z值坐标进行改变可以得到新的体形（图3-21）。如果初始输入是半球形体，之后把算法生成的点投射在半球上，按照Voronoi算法求出空间网络可以得到另一新的形体（图3-22）。如果初始输入是立方体，之后按照算法计算形成顺时针及逆时针两个方向的折线，并以折线对初始形体进行切割后再细分，可以得到更有趣的设计（图3-23）。

6. 建筑形体的生成

本节讨论把互生叶序算法用于设计项目，计划对某中庭屋顶进行加建。首先进行形体设计的试验，从改写上述的Python语言开始，在原程序中加入了时间的表达，可以看到形体逐步"生长"的过程，同时控制算法生成的点［1870（34×55）个点］的坐标值（y方向坐标值变为x方向坐标值的一半，z方向坐标值沿一个曲面取值），使生成的形体满足建筑内部中庭尺寸的要求，这样生成的建筑形体能够适应场地（图3-24）。

该屋顶形体的生成过程是基于一个GHPython程序，首先建立初始形体，接着沿初始形体，用算法生成顺时针及逆时针两个方向的折线，再给折线赋予截面、形成杆件，杆件组合在一起形成覆盖中庭的建筑屋顶。该建筑中庭屋顶生成过程及设计结果可见图3-25～图3-27。

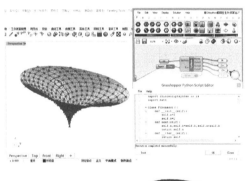

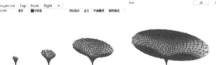

图3-24　建筑形体生成试验
（来源：李宁绘制）

图3-25　建筑形体逐步"生长"的过程
（来源：李宁绘制）

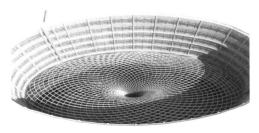

图3-26　建筑形体透视图
（来源：李宁绘制）

图3-27　建筑形体鸟瞰图
（来源：李宁绘制）

3.4 计算机图形学知识及几何学知识

3.4.1 计算机图形学知识

无论通过实验所获的复杂形态还是生物形态，我们之所以可以进行计算模拟，主要归功于计算机图形学，通过计算程序可以在计算机上生成图形。

计算机图形学是利用计算机研究图形的表示、图形的生成、图形的处理及图形的显示的学科，其主要内容包括在计算机中图形的表示方法，利用计算机进行图形的计算、处理及显示的相关原理与算法，学科内容涉及图形硬件、图形标准、图形交互技术、图形生成算法、曲线曲面及实体模型的建模、真实感图形生成及显示算法、科学计算可视化、计算机动画、自然景物仿真、虚拟现实技术等[76]。

对于复杂形态的模拟来说，图形生成算法、曲线曲面及实体模型的建模是最重要的内容。这是因为模拟复杂形态的根本目的在于为数字建筑设计寻找设计雏形，通过把各种复杂现象所展示的复杂形态原型转变成数字图形，可以丰富建筑设计的形式来源。而要把由此而来的数字图形在建筑设计过程中发展成建筑形态，我们必须要赋予这些图形建筑的尺度，以供人类使用，同时还需要对图形进行受力分析及计算，从而将图形发展成结构形态以保证它的安全性。要进行这两方面的工作，对数字图形本身的要求很明显，它应该具有可操作性，包括图形的生成（创建）、管理、分析、编辑、传递等特点；因而计算机图形学研究内容中的图形生成算法及建模技术就显得极其重要。数字图形通常由点、线、面、体等几何元素以及灰度、色彩、线型、线宽等非几何属性组成，而几何元素（几何关系）是满足上述可用于建筑设计图形的最关键要素。

计算机中数字图形的生成与计算机硬件没有直接关系，它主要依靠计算机图形软件进行。图形软件有不同的类型，比如有专用图形软件，它提供一组菜单，使用者通过菜单来创建图形，Sketchup就属于这种图形建模软件；再如有通用编程图形软件，它设有几何图形函数库，使用者需要运用C、C++、Java等高级程序设计语言调用图形函数库中的图元来创建图形，OpenGL就是这样一种被普遍使用的图形软件；另外还有一些软件既提供一组菜单，同时还设有内嵌语言，使用者既可通过菜单创建模型，也可通过内嵌语言调用几何图形函数来创建图形，犀牛（Rhino）软件及玛雅（MAYA）软件都属于这类软件，前者的内嵌语言是Rhinoscripting，后者的内嵌语言是MEL。

但是这些图形软件创建图形时，均以欧几里得几何关系作为基础，即创建的对象形状均以变量等式方程来描述。Sketchup及OpenGL软件以点、直线、曲线、多边形以及球体、锥体、柱体等标准的几何体作为输出图元；犀牛以非均匀有理B样条曲线（NURBS），玛雅以NURBS、POLYGON、SUBDIVISION作为创建图形的基础。这些方法只适用于创建具有平滑表面和规则形状的图形，如果要创建不规则形状或粗糙表面的形体，如自然界的山脉、天空的云彩，上述欧氏几何就不能真实地表现这些对象，这样我们就需要非欧几里得几何来作为造形的几何基础。

分形几何是一种有效的方法，可以用来真实地描述上述自然山脉及天空云彩。分形几何关系具有两个基本特征，即每个点上具有无限的细节，以及对象局部与整体特性之间具有自相似性，我们可用一个自相似的过程来描述要创建的图形，该过程为创建对象局部细节指定了重复操作，自然景物在理论上可以用重复无限次的过程进行表示。这一方法使用了"过程"而不是使用"方程"来进行图形的建模，过程描绘的对象其特征远不同于方程描绘的对象。

粒子系统是用一组不相联的微粒单体集合来描述一个或多个对象，它擅长描述随时间变化的流体形态，如飘动的云彩、翻滚的烟气、燃烧的火焰、飞泻的瀑布等。粒子系统在某个空间领域定义，它应用随机过程随时间而改变系统形态，每个粒子拥有自身的属性，粒子的属性决定整个系统的行为特征，如形状、尺寸、运动路径、运动速度、生命周期等。微粒单体的形状可以是小球、椭球、立方体等；微粒运动路径可以按照运动学方式描述，也可由重力场决定；粒子的数量可以是固定的，也可以增减。粒子系统描述的图形可以由粒子集合进行直接显示，也可以显示各个微粒运动轨迹所形成的图形。

形式语法（Shape Grammar）是另一种以过程性方法描述图形的算法，它是一组生成式规则，从初始形状开始，逐步增加与初始形状相协调的细节层次来建构图形，主要通过变换规则来改变初始形状的几何特征来建构所需图形，设计者可以从给定的初始对象开始到最终图形间，使用不同的规则决定图形的发展从而建构最终图形[77]。

3.4.2 几何学知识

设计形态的计算模拟依赖于计算机图形学，在图形生成过程中，程序语言描述了图形建构的方法，即算法，而算法的核心是图形几何关系以及图形属性。对于设计形态生成来说，几何关系是至关重要的内容。

几何学本身是关于图形研究的数学理论，可大致将其分为三个大类，即射影几何（Projective Geometry）、解析几何（Analytic Geometry）、拓扑几何（Topology）；而解析几何又可分为离散几何、代数几何、微分几何、计算几何等四部分；在此体系之外，还有分形几何、分子几何、变换几何等，几何学仍在不断发展之中。本节介绍几种与设计形态生成密切相关的几何知识。

1. 代数几何（Algebraic Geometry）

代数几何（Algebraic Geometry）是继解析几何之后发展出来用代数方法解决几何问题的一个分支。代数几何的兴起源于求解多项式方程组，其关注方程组的解答所构成的空间，也就是代数簇。该学科研究对象为平面的代数曲线、空间的代数曲线和代数曲面，常用的研究方法是坐标法。代数几何用三次或者更高次研究曲线以及曲面继而过渡到研究任意的代数流形，突破了解析几何的局限性。

代数几何可以通过少量的几何信息来定义符合设计需求的曲线和曲面，基于数学模型的操作方法可以突破解析几何应对复杂曲面的局限（图3-28）。借助计算机的人机交互界面可进行曲线和曲面的造型交互设计，并在设计过程中实现实时修改、调控。因而该学科在形态生成上有两个方向，其一是利用代数曲面进行形体的生成从而使其一开始具有可控性，另一方面是用代数方法描述现有复杂曲面也即参数曲面，可实现后期优化和建造的可控性。

2. 微分几何（Differential Geometry）

微分几何（Differential Geometry）作为一门数学分支学科运用数学分析的理论研究曲线或曲面在它一点邻域的性质。微分几何最早源于瑞士数学家欧拉（Euler）于1736年引进了平面曲线的内在坐标概念——用曲线弧长作为曲线上点的坐标，曲线的内在几何研究由此开始。19世纪初，法国数学家加斯帕德·蒙日（Gaspard Monge）将微积分应用于曲线以及曲面研究之中，从而奠定了微分几何的基础。而后高斯发展了这一理论，建立了曲面的内在几何学，奠定了近代形式曲面论的基础。

微分几何的研究对象是光滑曲线和曲面的相关性质。我们如今所听到的曲线弧线长、曲线切线、曲线曲率、测地线等都是这一学科的概念。因而该理论当中的许

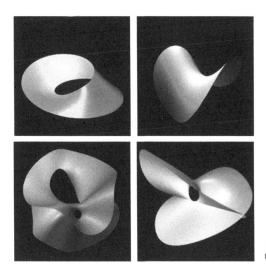

图3-28　几种代数曲面（Algebraic Surface）
（来源：王凤涛提供）

多概念在对复杂曲面的分析优化上发挥着巨大作用，复杂曲面需要适合其尺度和建造方式的分析及处理技术。微分几何在相关领域的角色毋庸置疑，而事实上巴洛克时代的工匠已经开始用微积分的方法去描述复杂的装饰。

离散微分几何（Discrete Differential Geometry）则是一门处于离散几何和微分几何交界处的学科，考虑的是用网格面（Meshes）、多边形（Polygon）及单纯复形（Simplicial Complex）描述平滑曲面的过程。其在计算机图形学方面得到广泛应用，尤其在动画领域利用这一技术可耗用少的计算机资源模拟出复杂的曲面视觉效果。这一学科可通过对曲面的法线向量、高斯曲率、平均曲率、主方向矢量及测地线等进行分析，进而实现利用多边形平面拟合复杂曲面的过程（图3-29）。

3. 计算几何（Computational Geometry）

称为计算几何（Computational Geometry）的学科实际包含几个方向，方向之一是依据样条函数处理曲线与曲面。其定义为"对几何外形信息的计算机表示、分析和综合"。这一领域旨在研究如何灵活有效地建立几何形体的数学模型并借助计算机存储、管理模型数据，是函数逼近论、微分几何、代数几何、计算数学尤其是数控形成的边缘学科。它是计算机辅助几何设计（CAGD）的数学基础。

法国雷诺汽车工程师皮埃尔·贝塞尔（Pierre Bézier）早在1962年首次完成多项式表现曲线曲面的设计系统研究并成功应用于汽车外形设计。在贝赛尔曲线曲面的基础上，B样条曲线曲面以及孔斯曲面两个图形系统问世。在20世纪80年代发展非均匀有理B样条曲线曲面（NURBS）已经成为当前最成熟通用的曲线曲面标准，其于1991年被国际标准化组织（ISO）规定作为定义工业产品几何形状的唯一数学方法。许多计算机软件如Rhino、Digital Project都是以NURBS作为最基本的建模方式，而这些软件也成为当前复杂形态生成和分析的重要工具，很有可能随着计算机技术

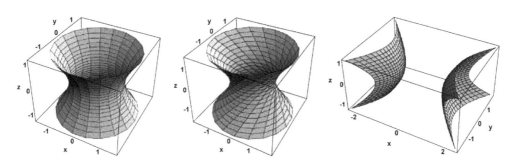

图3-29 微分几何曲面的研究
（来源：王凤涛提供）

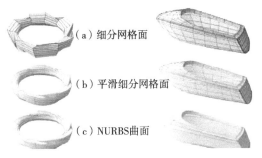
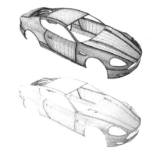

（a）细分网格面

（b）平滑细分网格面

（c）NURBS曲面

图3-30 基于计算几何的自由曲面造型
（来源：王凤涛提供）

的进一步普及，相应的数据交换标准也会结合形态生成的特点而产生（图3-30）。

另外一个计算几何领域是1975年由沙莫斯（Shamos）和霍伊（Hoey）利用计算机有效计算了平面点集的Voronoi图（又名泰森多边形）之后而产生。这一学科研究的典型问题由几何基元、查找、优化等问题组成。其与计算机科学中的算法设计与分析、数据结构等学科紧密相关。二维及三维Voronoi已经受到了诸多建筑师的关注，并已作为一种图案表皮或结构形式广泛应用到建筑设计当中。

4. 拓扑几何（Topology Geometry）

拓扑几何（Topology Geometry）形成于19世纪，是一门研究连续性现象的几何学科。Topology一词源于希腊，原意为地质学。拓扑几何不关注传统几何中点、线、面的位置关系以及度量性质（长短、大小、面积、体积等），其关注的是等价图形的连续变化。直线上的点和线的结合及顺序关系、曲线和曲面的闭合性质等在拓扑变换下保持不变是拓扑性质。拓扑变形的逻辑在于移植而非冲突，事物的内外要素混合一体。正如欧氏几何生成了古典理性的观念，拓扑学不仅是一种几何思想，也是从莱布尼茨到得勒兹的"褶皱"哲学的基础。拓扑变形也反映了当代科学多种思维的混合交织（图3-31）。

众所周知的莫比乌斯环和克莱因瓶是该理论下重要的命题，其内外空间连续的特性多次成为建筑师进行设计的概念来源。"折叠"（Folding）、"扭结"（Knots）、"流形"（Mainfolds）等基本概念延伸到了建筑中空间与形态设计的各种尝试[23]。与欧几里得几何所产生的柏拉图式明确、完美、抽象的审美标准不一样，拓扑几何学代表着连续、柔软、流动以及模糊的美学新范式，作为一种几何生形方法和新的审美趋向。建筑评论家查尔斯·詹克斯提出地形建筑（Land Form Architecture）同样作为拓扑建筑的一支，一方面旨在大尺度建筑设计上更接近城市设计和大地艺术呈

图3-31 杯子与圆环的拓扑变化
（来源：王凤涛提供）

现为地景；另一方面则是讲求折叠的地形操作手段进行建筑、景观的一体化设计。

5. 黎曼几何（Riemannian Geometry）与罗氏几何（Lobachevsky Geometry）

狭义的非欧几何包括黎曼几何（Riemannian Geometry）和罗巴切夫斯基几何（Lobachevsky Geometry），非欧几何区别于欧氏几何最主要的方面在于各自的公理体系中不同的平行公理。罗氏几何的平行公理是通过直线外一点至少有两条直线与已知直线平行。而黎曼几何的平行公理是同一平面上的任意两条直线一定相交（图3-32）。非欧几何的创建可以说打破了传统经典几何的观念，引导人们对世界有了新的认识。这一系列理论对于物理学所发生的关于空间和时间的物理观念变革起到了重大作用。现在人们已经普遍认为宇宙空间更符合非欧几何的结论。

非欧几何的思想引入到形式的生成，将改变人们以往的空间思考方式。非欧几何有趣的地方在于与传统几何完全不同的空间概念，同时这些不同的几何观为彼此间物体转化提供了更多可能性。三维空间概念如果转向空间和时间的四维连续和交互甚至更高维的空间，那么更多维度的事件、影响和关系都将使得空间不仅仅是一个形态的概念。

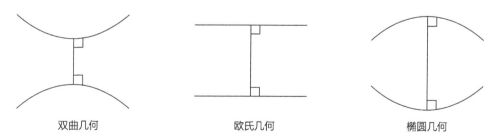

双曲几何　　　　　　　欧氏几何　　　　　　　椭圆几何

图3-32 非欧几何对平行公里的质疑
（来源：王凤涛提供）

6. 分形几何 (Fractal Geometry)

自然界中许多复杂的形式具有自相似的多层次结构，分形几何（Fractal Geometry）正是描述这一复杂性的重要学科。作为非线性科学的主要组成部分，分形几何的研究内容也在日益扩大，并在物理、化学、生物学、材料科学设置经济学等领域得到广泛应用。

分形是由法国数学家曼德尔勃罗特（Macdelbrot）在20世纪70年代最早提出，意为不规则、支离破碎，用以表征复杂图形和复杂过程，可以说是他开创了新的数学分支—分形几何学。这一学科提出了分数维数认识世界的复杂性而超越欧几里得几何的整数维数观念。计算机技术和计算机图形学成为推动该学科发展的巨大动力。分形几何的图形呈现出的多层级以及自相似的特征更接近自然，其呈现出来的美感已经不能用传统几何中的比例、尺度、秩序等观念进行评判。自然界中的河流、枝叶、山脉等作为一种形式源泉时刻启发着建筑师的创作，而在分形几何背景下，相关的图形生成过程被计算机算法描述后已经直接被应用在建筑的方案设计之中。

CHAP

4

第4章

哲学思想与数字设计

4.1　德勒兹哲学思想与数字设计①

　　吉尔·德勒兹（Gilles Deleuze，1925—1995年）毕业于
巴黎索邦大学哲学系，先后在克莱蒙–费朗大学、里昂大学
和巴黎第八大学教授哲学，后与精神分析学家伽塔利建立合
作关系。它的代表著作有《反俄狄浦斯》（1972年）、《千高
原》（1980年）、《福柯》（1986年）、《褶子》（1988年）等。
他是20世纪60年代以来法国复兴尼采运动中的关键人物，也
是在结构主义如火如荼的60年代里一个鲜有的激进后结构主
义者，他"既是一个实验哲学家，也是一个摆脱哲学史恐怖
的哲学家"。

　　德勒兹反哲学经典的理论与同时期非线性科学的发展一脉
相承，如果说哲学是科学之上的科学，那么德勒兹的哲学就可
以相应地被称为是一种新的"非线性"的哲学。他的哲学观点
在20世纪90年代以后直接影响到了建筑师们看待和解决问题的
方式，他提出的哲学概念被"非标准"建筑师们反复引用并在
作品中加以体现，正如UN Studio的学者们所说："建筑学和科
学有了令人惊喜的结合点，这完全归功于德勒兹本人和他的注
释在我们职业内部转换所产生的巨大吸引力"[78]，甚至可以说，

① 本节由靳明宇著。

德勒兹的理论已经成了当今前卫建筑师们的"圣经"。

4.1.1 褶子思想

作为思想领域的游牧者，吉尔·德勒兹创造了一系列富有特色的后结构主义哲学和美学概念。对莱布尼茨（G. W. Leibniz，1646—1716年）的《单子论》的创造性的解读，并与巴洛克风格的结合，发展和完善了重要的"褶子"（法文Pli，英文Fold）概念，并于1988年发表在《褶子——莱布尼茨与巴罗克风格》（*The Fold:Leibniz and the Baroque*）一书中，这一概念同时引出了游牧思想。单子与褶子及其游牧思想解释了"一与多""杂多的统一性"、自动性等构成世界的方式。

在德勒兹看来，褶子无处不在，它出现在宇宙及内心世界之中。"褶子象征着差异共处、普遍和谐与回转迭合"[79]。从微观到宏观，甚至宇宙中，褶子无处不在。

同时，德勒兹利用褶子阐发了一与多的命题。单子中的"一"具有包裹（打褶）和展开（解褶）的潜能，而"多"则既与其被包裹时所形成的褶子不可分，又与它在被展开时所呈现的解褶不可分。每个单子的深处由无数个在各个方向不断自生又不断消亡的小褶子所构成。褶子的原则是事物形成的原则，它蜿蜒曲折，"互为表现"。褶子是一种无穷尽的生成原则，体现了生成论的思想，打褶与展开褶子形成事物的退化与进化，提供了异质事物之间的认识论和审美图式。"巴洛克风格的运作标准或运作概念实际上就是在其全部意义及其引申意义上的褶子，即依据褶子的褶子"[79]。褶子就是差异与重复。

德勒兹创造了褶子的概念，在他看来，世界的一切包含有褶子，处处有褶子，一些事物可以折叠、展开，并循环往复，事物也是由"呈褶子状盘旋的单子"组成。德勒兹的褶子概念是个哲学概念，不能够仅仅将其看做现实的褶子，其代表了若干的哲学特征。我们需要通过理解褶子的特征来对褶子有个整体的认识。

1. 褶子具有广泛的普遍性原则

首先，褶子是具有普遍意义的，小到微观世界，大到宇宙，处处都是褶子，它不是通常的衣服或者布料的褶子，而是一种意象，它象征了"差异共处、普遍和谐与回转迭合"[79]，褶子就是差异与重复。物质中有褶子，甚至灵魂中也有褶子。

2. 褶子代表了无穷尽的含义

德勒兹在论述这一概念时，将巴洛克的风格引入其中，并说道只有在巴洛克风格中才能实现"褶子的褶子"，才能实现无穷，他说道，"巴洛克风格由趋向无限的褶子来定义"。

3. 褶子对一与多的哲学命题进行了独到的解释

西方哲学与美学领域对一与多的命题进行了长久的讨论，而德勒兹也发表了自己的观点。在讨论这个命题的同时，必须将莱布尼茨的"单子"理论引入。单子即个体的观念，不是可能的事物，而是可能的存在体（实体），是上帝的倒数，上帝的表达式是 $\infty/1$，它的倒数即单子，$1/\infty$。单子表达了包裹着"多"的"一"的状态，这个"多"将"一"以"级数"的形式展开。单子中的"一"具有包裹（打褶）和展开（解褶）的潜能，而"多"则既与其被包裹时所形成的褶子（Fold）不可分，又与它在被展开时所呈现的解褶（Unfold）不可分。由于每个单子都不相同，充足理由原则变成了不可分辨事物的原则，没有两个相同的主体，也没有相同的个体[80]。

由此，单子作为个体不再仅仅代表一，其中蕴含了多的思想，而将这思想成立的媒介就是褶子思想。"德勒兹所论的褶子与巴洛克风格都是具有反复折叠的'复调'式特征的世界，充满着自律与互动，既有上帝式的、总体性的、全球化的统合，又有无限延展、流变和生成开放性和可能性，是统一性与多元性共存的平台"[80]。

4. 褶子之间受到"力"的作用

通过褶子能够形成物体，而"力"是它们能够结合在一起的因素。"任何物质微粒都有单子和派生力（虽然这已不再是创造力），没有它们，微粒就不可能遵循任何准则或定律"[79]。由此可见，"力"是形成准则或定律（也就是褶子）的基础。

5. 褶子蕴含了对主体的解辖域化的理论价值

同样，褶子的折叠与展开（Fold-unfold）也意味着事物的辖域化与解辖域化。"单子"概念代表了主体，主体的内部和外部不是割裂的，内部是外部的一种褶子，我们将内部与外部看成"拓扑"的关系，"拓扑空间使得最遥远的外部与最深层的内部发生联系"[79]，主体本身不再是独立的个体，而是应该看做是多元的物体，它不是单独的存在，而是处在关系之中，在看待主体的同时，应该将其所处的关系一并考虑，所以，主体是多元的相互影响的。

德勒兹极其推崇巴洛克建筑的形制背后的概念，推崇巴洛克的漩涡，将之比拟为"褶子"，也就是说褶子如巴洛克的漩涡般不断地折叠着，直至无穷。巴洛克建筑室内穹顶也不是一个层次，而是在一个大的穹顶中心又做出一个小的穹顶，以此产生一种不断延伸的空间感，这便是褶子的意向。它产生了层次性，最重要的是产生了一种无穷尽的丰富变化的空间感，这种空间感带来了美丽的遐想，并产生了变化动感（图4-1）。

由于德勒兹的哲学是一个庞大的哲学体系，不能单独就抽出其中某一概念，但他笔下的哲学概念或多或少都与褶子思想有关，如块茎（Rhizome）、生成（Becoming）、机器（Machine）等，而这些概念在当今世界范围内的数字建筑研究和实践中也是重要的概念。德勒兹的褶子思想对当代建筑师的影响广泛而深远，当代很多知名建筑事务所都直接或者间接运用德勒兹哲学进行研究和实践，这其中有UN Studio建筑事务所、Reiser+Umemoto建筑事务所、FORM建筑事务所、FOA建

图4-1　巴洛克建筑穹顶
（来源：靳明宇提供）

筑事务所、NOX建筑事务所等，他们的建筑实践在不同程度上呈现了德勒兹褶子的哲学意味。

"褶子"的建筑意向可以从以下几个方面阐述。

1. 建筑形式的"连续性"

在德勒兹看来，褶子是蜿蜒曲折的，从微观到宏观，处处有褶子，它回转叠合，形成了事物与空间。连续是它的蜿蜒曲折，是它的关系的衔接。

连续是关系的连续、是时间的连续、是历史的连续、是事件的连续、是空间的连续、是动态的连续、是行为的连续、是情感的连续、是美学的连续。

连续性不意味着一定要表现曲线、曲面的建筑形体。对于连续性，我们应该重视的是它背后的含义：对于传统和地域文化的传承、对于社会当代文化的推广、对于环境的连续反映、人们在使用建筑时对建筑功能的改变的逐步适应等。这些含义都是可以用建筑连续性来表现的。

连续性并不代表都是"柔软"和"光滑"的，虽然格雷戈·林恩所提倡的正是以柔软和光滑的建筑形式表现连续性，并且这种方式能够表现出连续性。但这种方式并不是唯一的能够实现连续性的方式。

（1）我们可以通过建筑空间的连续性，用空间来表现出建筑的连续性。

（2）基于差异的隐喻再现物质的"重复"。

（3）建筑形式本身的渐变（连续变化）或者韵律性变化。

（4）褶子的回转叠合也意味着拓扑学。

建筑不像传统的建筑分为立面与屋顶，而是常常连为一个整体，甚至包括建筑底部。这也是建筑形体的连续性的表现。并且建筑屋顶与立面共同形成一个褶子的连续体，用以映射环境的连续性。

2. 折叠与展开（解褶）——建筑的内外关系

从褶子和单子的思想中，可以看出内部和外部的新关系，单子就是一个主体，主体的内部和外部不可割裂，内部是外部的一种褶子，我们将内部与外部看作"拓扑"的关系。从这个思想出发，我们发现其对建筑有重要的启发和现实意义。

建筑内部和外部不再是赤裸裸的一一对应关系，德勒兹说"单子"的内部是外部的折叠，每一个单子内部反映世界，而每个单子是彼此不同的，是具有差异的，因此每一个的内部也应该是不同的，它们反映了"不同的世界"。我们将这个概念运用于建筑，建筑的内部同样应该是外部的折叠，建筑的内部反映外部，但这并不意味着建筑的内外之间没有差别，而恰恰相反，"外部"是社会的"镜子"，"内部"是相对私密的使用者内部环境的"镜子"，内外之间的关系可以是一种并非表面看起来赤裸裸的一一对应关系。

内外之间如同莫比乌斯环相连接，内部和外部之间难以区别，但并不意味着没有差别，主体可以从内部悄然走向外部，也可以从外部的众多差异中退回建筑内部的封闭世界。建筑外部反映了不同的社会、环境、文化的作用，而建筑内部的"褶子"是"外部的衬里"，它将这些作用"折叠"进入建筑内部。因此产生了建筑的新的内外关系。

3. 褶子之褶子的建筑意向

建筑的褶子之褶子的含义，是对褶子中循环论和无穷论的一种回应，在众多建筑师的建筑实践中也偶有表现，他们创作的建筑意图与德勒兹的褶子之褶子的思想不谋而合。虽然德勒兹说只有在巴洛克建筑中才能实现"褶子的褶子"，但就德勒兹所处的年代，还未有真正意义的数字建筑实践。德勒兹对于巴洛克建筑中的漩涡等建筑构件极其推崇，将之喻为"褶子"，也就是说褶子如巴洛克的漩涡般不断地折叠着，直至无穷。当然，我们从严格意义上说，建筑永远不可能完全实现真正的无穷尽，毕竟现实中建筑的体量和表现是有限的。我们将褶子之褶子的思想应用于建筑时，旨在表现丰富的建筑空间和形体变化，以满足当代社会的思想文化与信息需求。

建筑的褶子之褶子的表现可分为：

（1）建筑表皮系统的褶子之褶子，也就是表皮的层次性和丰富性。

（2）建筑空间的褶子之褶子，空间层次性和进深感。

（3）功能的层次性，层层相套的建筑功能或不同功能的叠合扭转。

褶子思想是德勒兹核心概念之一，它的思想体系是极其庞大的，在此只能展现出其意义与建筑应用的冰山一角。吉尔·德勒兹的哲学思想与数字建筑有天然的契合，德勒兹对当代社会的研究和解读，使得他的哲学对当代建筑问题起到重要的指导作用，当代数字建筑研究与实践，几乎都或多或少地将德勒兹的哲学作为思想基础，他的哲学不仅对数字建筑，同时对整个建筑学的发展都有重要的启示意义。

4.1.2　游牧空间

吉尔·德勒兹是游牧思想的创造者，即使他笔下的概念也是游牧的；游牧空间（Nomadic Space）是其游牧思想对应的"空间"，他在论述游牧空间的同时提出了平滑空间和条纹空间，这两种空间都对游牧空间的特征进行了界定。

在他的著作《差异与重复》中，游牧意味着由差异与重复的运动构成的、未科层化的自由装配状态，游牧的目的即是为了摆脱严格的符号限制。游牧思想是一种反思想（Anti-thought），反对理性，推崇多元，它抵制普遍的思维主体，结盟于特殊的个别种族。它不寄寓于有序的内在性（Interiority），在外在元素中自由运动。游牧空间是平滑的、开放的，其中的运动可以从任何一点跳到另一点，其分配模式是在开放空间里排列自身的"诺摩斯"（Nomos），而不是在封闭空间里构筑战壕的"逻各斯"（Logos）。游牧思想拒绝一种普遍思维的主体，相反，它与一个单一种族结盟。它并不置身于一个包容一切的总体，相反，置身于一个没有地平线的环境之中，如平滑空间或大海。游牧空间具有多重属性，它是动态的、光滑的、连续的、多元的、抽象的、多触觉的、多维度的、异质的、拓扑的空间。游牧空间是一种具有可能性的，没有预定结构和既定目的的空间。

他阐述游牧空间时，将"平滑空间"与"条纹空间"进行对比，从而界定游牧空间的概念及特性。德勒兹用"象棋"和"围棋"的例子来对比阐述游牧及平滑空间与条纹空间的差别，象棋的棋子是被编码的；它们具有内在性和各种内在属性，由此而衍生出它们的运动、处境和对峙。它们是有个性的；马就是马，卒就是卒，象就是象。每一个都是被赋予了相对权力的陈述的主体。对比之下，围棋是简单的数学弹丸，只具有一种无名的、集体的或第三人称的功能。围棋棋子是非主观化的机器组合的各个因素，没有内在属性，只有环境属性。最后，空间也决非相同，在象棋中，问题是为自己安排一个封闭的空间，是要从一点走向另一点，是要以最小量的棋子占领最大数量的方格。在围棋中，问题是要把自己安排在一个开放的空间里，占据空间，保持在任何一点上都能跳起的可能性。围棋的"平滑"空间与象棋的"条纹"空间相对立，围棋的诺摩斯（Nomos，法则）对立于象棋的国家，法则对立于城邦，其差别在于，象棋给空间编码和解码，而围棋全然不同，对空间进行分域或解域。无论是国际象棋还是中国象棋，都象征着条纹空间。每一个棋子都有自己的属性，国际象棋中的皇帝、皇后、象、兵等，中国象棋中的将、帅、士、相、卒等都是被给予了固定不变的身份，并赋予等级观念，皇帝、将、帅都是最重要的，具有统治地位的，其次是皇后，依次递减，身份地位最低的是兵和卒。同时，棋子在棋盘中的摆放也是严格固定的，每一个棋子的运动轨迹也必须依照固定的规则随着等级不同而各不相同。条纹空间中的元素和空间是被赋予等级制度的，同时具有不可变的内在属性，而这些固化的性质使得其中的元素必须按照自己的先天属性行使自己的权力，采取相应的行动和策略。这种空间是一个封闭的空间，不能够随机应变、适应环境和时代变迁，它固守着自己的特定属性，从不改变。象棋中任何一个空间部分被赋予具象的特定属性，任何棋子（使用者）的属性也是固化的，从一个点移动到另外一个点，是线性的，被赋予了意义的[81]。

围棋代表了游牧空间，围棋的棋盘是均匀和没有等级制度的（相对于象棋而言，毕竟围棋中有眼位的设置，同时围棋盘也不是无穷大，依然有边界），最重要的是棋子没有任何等级制度，只有派别之分，即黑子和白子。无论黑子和白子，每个棋子与其他棋子没有任何差别，所代表的含义和地位完全相同。围棋的规则十分简单，但是有非常广阔的落子空间，围棋也因此变化莫测，比其他棋类复杂和深奥。褶子的内外关系反映出了外部是无穷"感受性"，内部是无穷"自生性"。从围棋的例子看，恰恰说明了这点，内部的黑白棋子的不同位置和关系，生成了一种内部的空间状态，不同的棋局，其空间的状态也不同，而这个游牧空间就是褶子内部的自生性所塑造的（图4-2）。

游牧空间或平滑空间中的元素和空间都是不分等级制度和不赋予特定属性的，它们可能在合适的时间和条件下扮演任何角色，如同围棋中的棋子，它可能充当男人、女人、大象、国王等。空间中的元素没有内在属性，只有环境属性，换句话说就是，内在属性根据环境因素而不断变化。游牧空间或平滑空间是一个开放的空间，是抽象的空间（Abstract Space），任何空间部分都可赋予属性；其中的元素也不是固化的，它们相互依存，空间为其属性的转变提供了环境条件，同时，元素的属性也改变了空间

 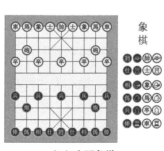 

（a）国际象棋　　　　　　（b）中国象棋　　　　　（c）围棋

图4-2　棋
（来源：靳明宇提供）

环境特性。使用者在其中是可多选择的和动态的。

　　游牧空间与建筑相关的研究是本节需要阐述的重要内容。游牧空间以"人"本身作为空间的主体，"环境"作为空间的承载物，作为人与人之间得以沟通的桥梁。两者缺一不可，抛开"人"本身谈论游牧空间，则它与以往任何空间没有本质区别，它可能表现为一个均质空间、固定空间。抛开了"环境"谈论游牧空间，人则变得孤立无援，空间没有载体，交流也无法产生，不能应用于现实社会环境和建筑。空间主体的作用是帮助我们分析现实的空间状态，或者用来生成环境或者建筑。

　　建筑的游牧空间同样可以是光滑的、连续的、多元的、抽象的、多触觉的、多维度的、异质的、拓扑的空间。建筑的游牧空间表现出一种动态的、具有可能性的，没有具体明确目标的空间，没有预定结构和既定目的。建筑的游牧空间是一种非理性的空间，但它可以通过理性分析来控制。它强调人的感性因素，尊重人的感情变化，而这些都能反映在空间的状态中。每个人的感情变化影响了他周围的空间状态，空间也因此赋予感情，或兴奋，或喜悦，或忧郁，或气愤，或悲伤。建筑的游牧空间强调差异与生成，游牧就是生成，游牧的目的就是为了摆脱严格的符号限制。一个人的差异代表了他与其他人的分离，一群人的差异代表了他们与其他种群的脱离（这里的差异没有任何褒义或者贬义），而这种脱离在建筑和环境中则需要格外增加一种空间，这个空间的性质与之前的没有差异混在一起时的空间相区别，因此在建筑中就反映为生成了功能（广义的功能）。

　　"单子"之间的关系体现了复杂性，如同人之间的关系一样，每一个单子含有的世界如同每一个人含有的世界一样，世界的性质和状态在每一个人的面貌上体现了出来，这个人的相貌、气色、气质、身材、身形、手形等都是世界在他身上的反映。这就是后面我们将"人"作为建筑中游牧空间主要元素的原因，人是不能再分的，如同莱布尼茨说的，单子是组成世界的最小的单位一样，人是组成人类世界的最小的单位，他们之间的关系非常复杂，这个复杂的关系在今天的复杂性科学上同样有体现，或者说用复杂性科学来模拟人与人的关系和状态，如涌现、混沌、集群智能、元胞自动机等。德勒兹也说到可以将游牧民看做是内部建立触感关联的单子，他们是不定数量的观察者，他们拥有游牧空间，他们创造游牧空间。人与人的关系复杂性使得游牧空间具有了复杂性、动态性、多元性等性质。

我们引入另一个重要概念来说明游牧空间，就是"块茎"，在它概念下生成的空间也是游牧空间。在德勒兹的《千高原》中对块茎的概念进行了阐述，说到块茎和千高原有必然的内在的联系，两者都是多元生成的后结构主义状态。块茎在生物学上是指土壤表层蔓延生长的平卧茎，例如平时我们见到的爬山虎、山药、红薯等植物。块茎的这种生成模式铸就了事物的非中心、多元性、连续性等特征，而这些特征又都是游牧空间的特征。事物通过这种生成过程，最终的结果与树状的传统中心主义产生了区别，而这种生成的最终的空间结果也就是如同围棋一样的，没有中心和等级化的空间形态，这种空间就是游牧空间。与树状模式的中心论、等级制相区别和对立的块茎模式，就如同与"条纹空间"对立的"游牧空间"。"块茎是无结构、开放性的，构成'多元性的入口、出口和自己的逃逸线'。它不是由统一的单元所构成，而是由多维度或多方向的运动构成。既无开端又无终点的块茎居中而生长、播散，构成了网状的多元性，具有N个维度"[82]。犹如块茎一样，游牧空间也是由多维度和多方向的主体的运动形成，如同许多人在空间中的多选择性的运动，各种肤色、性格、地位的人混杂在一起，他们形成了游牧空间。

正是因为人的行为的复杂性，使得游牧空间得以存在，或者说游牧空间的理论正是能够表现人与人、人与社会、人与物的复杂关系。同时，人的行为是感性和理性结合的，并不可预测，是非线性的。对人的行为的复杂性的认识必须建立在当今众多学科的基础上，如社会学、行为学、心理学、生物学等等。人的行为将时间的因素纳入到空间讨论范畴，产生了多维空间。同时，人与人、人与物的关系是动态连续的，是复杂的，反映在建筑上，建筑必须满足复杂的人类行为，同时建筑作为人的行为的背景而必须与人互动，因此，社会成员之间的互动、与社会事物的互动，在互动过程中生成了建筑，建筑也为他们的互动提供了场所。

当代数字建筑领域，数字技术提供了前所未有的技术手段来统计、归纳、模拟这种空间，尤其能够有效地将复杂性科学也一并引入，更加有助于再现游牧空间。这在以往是不可想象的，同时，当今数字建筑设计中，人的行为和关系是最重要的设计考虑因素和参数条件之一，在形式生成过程中，人与人的关系往往会最终决定建筑的形式以至于影响建筑性能。

4.2　过程观念及生成思想对数字设计的影响

4.2.1　过程哲学及过程观念

20世纪20年代，英国著名学者A·N·怀特海（A·H·Whitehead，1861—1947）在他的著作《过程与实在》中系统地阐述了"过程哲学"的思想，"过程"被赋予了更加深厚的哲学意义，除了通常意义上的过去、现在、未来的时间历程，即变化、生成、增长、衰亡的过程，"过程"代表着正在发生着的动态共生活动，在这个共生本身的过程中，没有时间，又绝非静止。

过程哲学不同于西方哲学中的机械唯物主义或形而上学唯物主义，认为世界在本质上不能归结为物质实体，也不能归结为精神实体，因为世界在本质上是一个万事万物不断生成的动态过程，任何存在要成为现实的，就要成为一个过程，因此，过程哲学给我们描绘的世界图景不是一个实体性的世界，而是一个不断生成、不断创新的动态过程世界。过程哲学也不同于西方哲学传统中的唯心主义哲学，唯心主义也是一种实体实在论，只不过它坚持这种实体是精神或观念而已；在怀特海看来，片面地以观念、精神、思维为本原，或者以精神实体、观念实体为根本来解释我们所面对的复杂世界，或者否认精神对物质的依赖性，认为观念、精神可以独立于物质而存在，在根本上是错误的，过程哲学认为所有现实存在都具有物质极也有精神极，正因为如此，宇宙才经过漫长的进化发展，在一定历史阶段上使地球产生了人类精神。过程哲学还批判了以笛卡尔为代表的二元论哲学，坚持物质与精神并非相互独立的两个实体，而是内在关联、统一在现实存在过程之中，每一现实存在或现实发生都包含着物质性及精神性，并且物质性与精神性之间不存在二元论所说的那种无法逾越的鸿沟。过程哲学还批判了现代西方分析哲学的片面性，因为它只强调对语言、经验、逻辑、精神等进行分析，却从根本上忘记了它们与实在的真实关系，忘记了人类经验与世界的关联性，从而走向忽视生活世界的极端，过程哲学认为哲学作为人类对世界的总体性认识，归根结底要对我们生活其中的世界有所解释、有所理解，对现实的人类生活及社会实践活动有所指导和启迪，强调经验与实在世界之间具有内在联系。

过程哲学构建起一种思辨的哲学体系，怀特海认为它是一种产生知识的重要方法，虽然思辨提出的是一些未经恰当证明的观念，但是，就像科学发现的过程中存在不断猜测与反驳的试错过程，在哲学中也应该允许思辨，也就是说哲学也可以由非确定性的结论或学说构成，即可以由人们认为是最好的假定来构成，并可以通过不断的检验来证实思辨的正确性。事实上，过程哲学是建立在数学、逻辑学、现代科学基础上，由一系列范畴构成的思辨的形而上学哲学体系，它以量子力学和相对论为科学基础，自觉地阐述相对性原理和过程原理。过程哲学提出了四个基本概念，即现实存在、摄入、聚合体、本体论原理；提出了终极性范畴，包括结合和分离、创造性、新颖性原理和创造性进展，以及共在与合生；尤其通过提出和阐述27种说明性范畴，如现实世界是一个过程，任何两种现实存在都不会起源于同一个领域，现实世界是如何生成的、构成这个现实存在实际上是什么等，以及阐述9种范畴性要求，即主体统一性范畴、客体统一性范畴、客体多样性范畴、概念性评价范畴、概念性逆转范畴、转化性范畴、主体和谐范畴、主体性强度范畴、自由和确定范畴等，从而构建起一个思辨的形而上学哲学体系。

过程哲学是一种与马克思的实践唯物主义哲学相通的有机哲学，它们都坚持以过程观点看世界，认为世界是一个过程。恩格斯在《费尔巴哈论》中曾明确指出，"世界不是一成不变的事物的集合体，而是过程的集合体"，这与过程哲学的基本观点不谋而合；两者均是建立在达尔文进化论基础之上的过程和有机思想；怀特海侧重探讨的是有机宇宙论，马克思侧重研究的是社会有机体论，但两者都强调现实存在的关系性、有机性和动态性，强调现实事物的相互作用是发展的终极动因，强调现实事物的"自我运动""自我发展"和"自我生成"。

过程哲学的核心内容在于批判了西方传统哲学中各种实体哲学和二元论哲学的基础上，以量子力学和相对论等现代科学揭示的基本理念为基础，通过批判地继承和发展东西方哲学史上的各种过程思想和有机论观点，系统阐述了一种以"过程—关系"为根本特征的有机哲学。每一种哲学理论都有一种根本原则，在过程哲学中，这一根本原则就是"创造性"；另一方面，怀特海明确指出他的形而上学原理所采用的基本方法是以流变和生成为基本特征的动力学方法，而不是静态的形态学描述方法。在本体论上，过程哲学坚持过程就是实在，实在就是过程，整个宇宙是由各种事件、各种现实存在相互联系、相互包含而形成的有机体，自然、社会和思维乃至整个宇宙都是活生生的、有生命的机体，处于永恒的创造和进化过程之中。过程哲学认为"现实存在"就是"现实发生"，它是构成世界的最终的实在事物；什么是现实存在呢？现实存在的本质仅仅在于这样一种事实，即它是一种正在摄入的事物，何为"摄入"？怀特海认为，现实存在与宇宙中每一事项存在都有某种完全而确定的联系，这种确定的联系，就是它对那一事项的摄入。而现实存在由于彼此摄入又相互关联，现实存在的这种共在的事实称作"聚合体"。怀特海把现实存在看成一个过程，现实存在是变动不居的，处于不断流变的世界之中，现实存在在完成之日，就是它消逝之时，这种创造物在不断地消逝，因而成为永恒。过程哲学把世界描述为个体的现实存在的生成过程，每一种现实存在都有其自身绝对的自我造就能力，整个宇宙就是一个面向新颖性的创造性进展过程[83]。

"过程哲学"在怀特海以后，得到了进一步发展，代表性的人物为查尔斯·哈茨霍恩（Charles Hartshorne）以及小约翰·B·科布（John B. Cobb Jr.）。虽然他们的思想在某些方面有区别，但是总体倾向一致。他们的思想系统地表现在，首先，过程包含着"转变"与"共生"，转变表明了事件从过去到现在将流向未来的连续性（Successiveness），共生是指那些构成暂时过程的实在的个体，是瞬间生成的现在，共生的过程没有时间性，因而是永恒的；其次，凡是一个过程必然是现实的，它表明一种现实实体向另外一个现实实体转变，任何不是一个过程的事物都是对过程的一种抽象；再次，在共生的瞬间，过程的每一个单位都享受着主观直接性（Subjective Immediacy），经验与意识同在。

有中国学者概括为，"一方面，过程体现为转变（Transition）和共生（Concrescence）。转变即一种现实个体（又称'经验机遇'）向另外一个现实个体的转化，它构成了暂时性，因为每一个现实个体都是一些转瞬即逝的事件，灭亡就意味着转向下一事件；共生则意味着生成具体，它构成了永恒性，因为在共生的过程中没有时间，每一个瞬间都是崭新的，都是'现在'，在这个意义上，它又是永恒的。另一方面，过程又体现为享受，即领悟（Apprehension）和感受（Feeling）"[84]。

过程哲学从它创立到现在，得到了很大的发展。过程思想和中国思想的亲缘性是不争的事实。过程哲学坚持世界在本质上是一个不断生成的过程，事物的存在就是它的生成，因而过程才是真正实在的。这与中国古代哲学中"生生不息"的变异思想息息相通。过程哲学坚持任何事物的存在都是关系中的存在，没有任何事物是一座"孤岛"，而且万物都有不同程度的"感受"能力等思想，与东方哲学坚持万物皆有灵性的思想相契合。过程哲学坚持创造性演进是宇宙进化之本质的思想，与道家哲学所说的道生一、一生二、二生三、三生万物的创生思想契合[84]。不仅如此，过程哲学对当代现实问题（如经济问题、政治问题、文化问题、生态问题、女权问题、宗教问题、教育问题等）的关注，为深化研究提供了广阔的空间和崭新的视角。

过程观念是一个具有普遍性及公理性的概念，在各个现代学科领域具有表现。生物学研究的主要内容之一为生物的发生发展规律，自从19世纪末达尔文出版《物种起源》创造性地提出了基于自然选择的演化论，生物进化理论便成为生物学的基石，生物进化过程成为学科研究核心。计算机软件科学中算法是解决计算问题的关键，算法是在有限步骤内求解某一问题所使用的一组定义明确的规则指令，这些指令按照先后次序排列，主导了计算机解决问题的计算过程，特别是那些无穷次运算的集合算法，不仅具有极强的过程思想，更具有过程观念的"流变"特性，循环往复不断进行。

前述复杂性科学的自组织理论强调"系统通过自身的力量自发地增加它的活动组织性和结构有序度的进化过程，它指一个系统在内在机制的驱动下，自行从简单向复杂、从粗糙向细致方向发展，不断地提高自身的复杂度和精细度的过程，它具有进化的能力，其组织结构和运行模式不断地自我完善，从而不断地提高其对于环境的适应能力"，这个理论与过程观念密切相关，自组织其实是一个"转变"和"共生"的

"过程"，其行为可以理解为过程哲学意义上，在"主观直接性"上的"创造"，而复杂性科学的涌现理论指"组成系统的单体共同遵从简单的规则，并相互作用，其结果产生丰富的宏观集群行为"，涌现是由小生大，由简入繁，随着事物的演化从简单性实现出来的整体复杂性，这一理论也明显表现出极强的过程性，系统的最终涌现行为的产生紧密依赖于遵从规则、相互作用的过程。复杂性科学中蕴涵的新的时空观念与过程哲学"共生"思想具有一致性，经典科学的时空观念是建立在牛顿力学基础上的，在这种时空观念下，宇宙的模型是一系列分离的物体之间的相互作用，宇宙并没有表现出连续性的特征；进入20世纪，爱因斯坦的相对论否定了传统的绝对时空观念，量子力学的量子纠缠现象更是否定了物体在时空位置上的独立性，宇宙是一个有机的、交织在一起的整体，这一时空观念对于过程哲学的"共生"思想是一种发展。

4.2.2 "生成"思想

从古希腊开始就有哲学家们认为我们只有通过我们感觉的变化之流才能认知这个世界，我们从来就没有看到事物本身，但我们的感觉总是已经脱离了事物之真正所是。德勒兹在1969年出版的《意义的逻辑》(*The Logic of Sense*)一书中，通过对生成与仿真的肯定，确认并不首先有起源或存在，然后才有通过仿真过程而产生的变化；他阐述了生成的内在性，坚称预设于生成之流背后的真实稳定世界并不存在，在生成之流之外无物存在，所有的"存在者"都只是生成的生命之流之中相对的稳定时刻。我们所感知到的现实世界是由诸多潜在倾向所组成的，当它被认知是某物时，它同时总是向着它所尚不是的方面变化；将某物看成是现成的，这也需要对时间进行潜在综合，只有在保持过去感知的记忆，并且预期和连接到对未来的感知时，我们才能看到事物。

德勒兹在阐述"生成—动物"时指出，生命不是由预设的形式所组成的，不是由那些形式简单地演变成它们现在的形态，因为总是存在生成的更多的路线和倾向，比如动物有不同的遭遇与结合，这总是有可能产生前所未有的新的生成路线，或者"逃逸路线"，基因或病毒在一个物种之中产生的方式会在另一个物种之中有差别地变异，某物之所是取决于它的遭遇，存在者只是它自身多样性的生成选择而已。生成不是一系列导向某种我们希望重复的形象的动作，他是没有外在目的的每一个动作的转变之节点。为了理解这一点，可列举德勒兹在另一本书《差异与重复》中游泳者的例子，假如要试图通过机械的复制教练的动作去学会游泳，那么当离开水面在陆地上示范这些动作时，学游泳者永远也学不会游泳的技巧；只有在学习者不再将教练所做的动作看成是一种自足的运动，而看成是一种创造性的回应时，才能学会游泳。不是重复他的手臂动作，而重复的是对水的感觉或者产生他的手臂动作的波浪的感觉，学泳者手臂需要感觉到水、以游泳者的手臂变化那样进行变化。因为每个人的身体是不同的，这就意味着对教练游泳方式的忠实重复应该需要稍微与其不同的手臂活动，必须感觉到教练是如何做的，而不是严格地复制这些动作。只有这样才能真正学会游泳[85]。

德勒兹在《生成》一文中曾经指出，"生成"总是逃避在场性的"现在"，因为它不能被固化成一种空间性的先后秩序（过去/将来），在某个特定的时点，它既在又不在，这里根本没有可以独立地分隔开来的在场和不在场，二者总是已经在互动和转换的游戏之中了[86]。"生成"是一个运动过程，它不是由事物状态决定的，它不提出"你将生成什么？"的问题，因此也不涉及模仿与再现[87]。生成是对固化的理论和学说的瓦解，由于任何系统都是内在异质的、多元化的，因此它的存在状态必然是开放的、时空统一的。维特根斯坦认为，生成的结果就是形成无数处于时空边缘、"家族相似"，但不能"类同化"的"事件"（Event），而系统就在这种关联的拓展和重组中穿越不同的层次、不断改变自身的性质，而根本无法固定在某个特定的领域之内[86]。

4.2.3 过程观念及生成思想对数字建筑设计方法的启示

"过程"的概念是建立在自然机体论基础之上，自然机体论认为自然是活的生命有机体，而"过程"是在更加抽象的形而上学层面上对"自然是活的生命有机体"观点的解析，因而，"过程"概念用于建筑设计方法其实是把建筑设计过程看成生命有机发展过程，而"生成"的概念实际上是对动态性的阐述，把事物的产生及其历时性特征展现出来，因而对建筑设计方法的影响在于把设计过程看成动态连续进化发展的过程，设计的结果只不过是这一过程的瞬间暂时性的"事件"。"过程"及"生成"的概念对于建筑设计方法的直接影响是将作为"结果"的建筑设计转化为了作为"过程"及"生成"的建筑设计，将寻求确定解答的设计流程转化为了寻求开放系统的设计过程。

虽然关于传统的一般建筑设计方法的研究，可以说成果丰富，20世纪60年代可谓系统化时期，20世纪70年代是原则化时期，20世纪70年代以后开始了哲学化时期，不同时期的探索产生了不同的代表性的设计方法。如佩奇（Page）的"分析—综合—评价"的循环反馈流程法；J.C.琼斯的"发散—变换—收敛"的循环迭代加上策略控制形成的设计流程法；G·勃罗德彭特（G. Broadbent）借用波普尔"猜想—反驳"的科学模型形成的设计流程模型法[88]；我国台湾的陈政雄借用马库斯的"设计形态学"，将一连串的设计流程称为"设计程序"，在设计分析、准则、程式、意念、原型和发展的每一个独立的环路过程里，都是一个连续的决定顺序，从设计的开始以至解答的完成为止形成一系列设计流程[89]等，这些设计流程法对于推动建筑设计研究产生了重要作用。这些方法虽然都关注了建筑设计作为一个流程的重要性，但这些研究建立在建筑设计作为"人工物"的前提下，他们假设建筑设计是一个科学研究的客体，而并没有强调建筑设计作为一个主体的能动性和"主观直接性"的行为，这些研究面向的对象是建筑师，流程的研究是服务于建筑师的"创造"，而这种创造观念是与过程哲学"创造"观念冲突的。过程哲学观念下的建筑设计方法研究，应该探讨建筑设计本身作为一个"过程"的操作可能性。

之所以要强调建筑设计过程的可操作性，这是为了使建筑设计更接近其本质属性，建筑师乃至全社会在经历了现代建筑高度发展后，至少达成两点共识，即建筑应该更人性化以及更环境友好。前者意味着建筑设计应该更多基于人的行为及舒适性要求，考虑动态变化及精神感受，建筑应该是事件发生的场所，是活动进行的空间等，而后者则指建筑设计应以各种环境条件为基础，充分考虑建设场地内以及周边各种人造的及自然的因素，节能环保，来自人及环境如此众多的要求应该综合性地塑造建筑设计。对建筑设计过程的操作正是实现上述目标的基本前提。这样可以有效避免建筑的形式主义以及唯美主义的不良倾向。

事实上，已有众多的建筑师使用过程的观念进行建筑设计，如莱姆·库哈斯通过对社会问题的研究过程来进行建筑设计；赫尔佐格通过对与具体项目相关的现象逻辑的分析过程来进行设计；FOA建筑事务所的Alejandro Z.Polo就曾经讲道："我们在设计中引入了连续的发展过程，而不仅仅是一种形式、一个图像，我们让其生长，等待设计的浮现，而不再拘泥于传统模式的再现或是从草图引出的发明。"尽管不少建筑师已运用了"过程设计"的方法进行建筑设计，但是，他们停留在人为操作的境地，设计过程的生命有机特性及动态连续复杂性要求更高智能的技术来解析及把握，仅靠人工操作已远远不能掌控。因而，计算机技术以及参数化平台成为"过程设计"的有力工具。过程观念及生成思想运用于建筑设计，并同时与数字计算技术紧密结合，将引导建筑设计向着更大程度上满足人性化需求及环境友好型宜居建筑的方向发展，这也正是数字建筑设计方法的基本立足点。

CHAP
5

第 5 章

数字图解设计理论

5.1　解释性图解与生成性图解

5.1.1　解释性图解

"图解"的概念由来已久，可以说与建筑学本身一样古老，然而"图解"在过去，只是一种解释性或分析性的工具，通常用来表示某种几何关系，进行形式研究，解释事物之间某种内在关系，或者展现建筑师的设计灵感。

西方建筑理论史的奠基人维特鲁威提出的"维特鲁威人"就是对他所建立的建筑形式标准的图解，一个人伸开双臂双腿，其手指脚趾落在以肚脐为圆心的一个圆上，从脚底到头顶的高度，正与其两直臂的两侧手指端间的距离相等，由此可形成正方形。之后又有希·罗·宾根、弗·迪·乔奇奥、温·斯卡莫奇以及达·芬奇等人均绘制过维特鲁威人，试图表达建筑、人体、世界之间的几何关系[90]。

柯布西耶在1915年绘制的"多米诺住宅"是一个具有划时代意义的建筑图解，他以多米诺命名，意味着这是一栋像骨牌一样标准化的房屋，在这里柯布将建筑抽象还原到梁、柱、板，垂直交通组成的基本结构，这一结构可批量生产，其形式随着建筑类型的需要可进行修改。这个图解直接反映了柯布"住宅机器"的概念，是"机器美学"的具体体现[91]。

现代主义的功能关系泡泡图是典型的抽象分析性图解。基于"形式服从功能"的信条，建筑设计首先要分析功能组成及其之间的联系，功能泡泡图正是对建筑功能组成及其关系的图解，它简单化地表达了功能及流线的关系，并作为建筑形式发展的抽象基础。在泡泡图中，人的动态活动要求被片面地表示为静止的功能体块，建筑中各种活动之间的复杂联系被表示为简单的流线，其结果导致现代建筑僵化、生硬，缺少人性。

5.1.2　生成性图解

埃森曼开发了"图解"的生成性用途，把建筑作为一个事件不断展开，时间在这里具有了积累、绵延的特征，于是形式是运动的积累。他的具体操作是从某一原始形式或初始概念出发，运用某种方法或规则，逻辑性地变化原始形式，从而形成系列形体并产生建筑设计。埃森曼认为，图解就是那些在过程中未被画出的工作过程，"在最初的羊皮纸建筑制图中，一个图解性计划通常用一支没蘸墨水的铁笔绘制或蚀刻在羊皮纸表面，之后再在上面用墨水画上实际的方案。而这些中间状况的踪迹，就是图解"[92]。从住宅系列研究开始，埃森曼的多数设计均以这种图解的方法发展而来，比如住宅2号，以九宫格作为初始形式，运用旋转加倍等方法获得柱与墙系统的多重踪迹，并以此决定建筑的整体空间；住宅6号同样从九宫格原形出发，通过电影概念进行思考，建筑方案是一系列定格在时间和空间中的原形轨迹，它是一个过程的记录，基于一组图解式转换，因此，最终建筑客体不仅是自己生成历史的结果，并且它还保留下这段生成过程作为它完整的记录（图5-1）。在这里，埃森曼将注意力"从客体的感

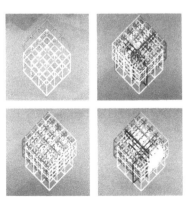
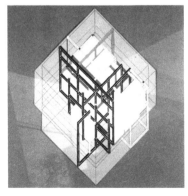

图5-1　埃森曼6号住宅生成图解[24]

性方面转移到客体的普遍性方面""研究形式构造的内在的，所谓形式的普遍性本质"，并将九宫格的结构框架引入时间维度，成为动态的"生成中"的形体，与柯布的多米诺住宅的静止图解相比，埃森曼的住宅具备了生成性特征[93]。

埃森曼对图解的另一贡献在于使用三维轴测图将过去二维图解发展到三维图解。轴测技术虽然曾是20世纪二三十年代先锋建筑师们的重要工具，但20世纪50年代末之前不再作绘图工具。由于轴测法崇尚对象的自治，能克服透视法向灭点消失所产生的变形，又可同时表达出平、立、剖面的内容等特点，埃森曼及海杜克恢复了轴测图的使用，使得设计生成过程中的分析图解具有与实体建筑相接近的三维图形，这样图解具有了可度量的客观信息。

然而，埃森曼由于一直坚持建筑学的自治，并毫不妥协地坚守建筑学形式语言的领地，他的图解起点如上所述，通常是某一概念或初始形体，这样生成的建筑形体最终也只能停留在与建筑概念或建筑形式相关的层面。

与埃森曼相比较，库哈斯及赫尔佐格也坚信图解的生成性用途，并以图解为工具生成设计，但是他们图解的起点则与艾森曼完全不同。库哈斯认为建筑学的中心应该让位于某些更广泛的社会力量，记者出身的库哈斯对建筑学以外的社会现象具有浓厚的兴趣，善于进行新闻报道式的发掘研究，他的设计图解正是来自于这些社会研究，并对图解进行操作，发展成建筑方案。比如在美国西雅图公共图书馆项目（1999年始）中，OMA的工作者绘制了一幅展现媒体发展历史的图解，展示了图书从1150年诞生起作为唯一的媒体，到互联网出现，图书作为旧媒体与新媒体并存的状态的全过程。库哈斯认为图书馆已从一个单一的阅览空间转化为社会中心，因而其构架及形态也应转变以适应这个新角色，媒体发展历史的图解正好展示了当代图书馆这个容器中复杂的活动。设计者将这些复杂的活动进行压缩，并重组为9个功能组团：5个稳定功能和4个活动功能，并以这4个活动功能作为

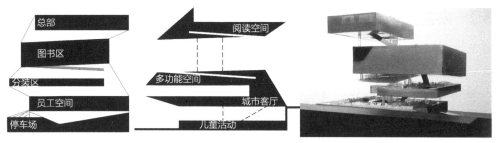

（a）库哈斯西雅图图书馆生成图解

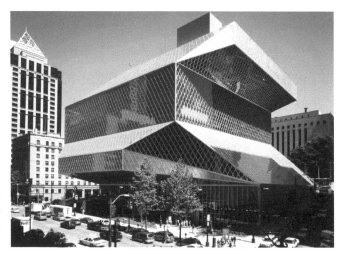

图5-2　西雅图图书馆
［来源：（a）（左、中图）根据OMA原图重
画；（a）（右图）http:// oma. eu / projects /
seattle–central–library；（b）中国建筑信息
网提供］

（b）库哈斯西雅图图书馆实景

设计的出发点，将这4个活动功能组团进行平移，产生了整个设计的核心元素"平台"，并赋予平台不同的功能、不同的形状、不同的尺寸，并组织人流，成为城市活动的主要发生场所，之后，利用自动扶梯将平台相联，形成建筑整体，最终的设计正是从这步图解的操作中发展而来（图5-2）[94]。

　　赫尔佐格更注重建筑所在场地及周边的特征，建筑形态的起点从研究地段及环境开始。环境及生活现象，以及其逻辑性的发展，形成最终的设计方案，比如日本东京Prada项目，地段周边建筑的高度、日照分析、各个不同角度上的视觉景观等现状条件经过图解分析决定了建筑的基本形体；美国明尼阿波利斯的沃克艺术中心扩建项目，为了将城市生活引入艺术中心，建筑的空间组织以一条变化的街道空间为主脊，增建的四块体量的方向分别与道路及对面建筑的方向相对应，建筑的形态表现出与生活及环境现象之间的逻辑关系[95]。

　　库哈斯以社会研究为起点发展设计，赫尔佐格以生活环境现象为起点发展设计，这样设计的结果具备了社会性及生活性特征，在埃森曼的基础上，使建筑贴近了社会生活。

5.2　数字图解

20世纪最后几年，新一代先锋建筑师运用图解工具进行建筑设计取得了革命性的进展，他们主要获益于哲学家吉尔·德勒兹对米歇尔·福柯图解概念的重新解释[96, 97]，从而在哲学层面上定义了图解概念；同时，基于图解哲学定义的特征，借助计算机软件技术在建筑设计上实现了图解概念的具体操作，结果给建筑设计带来了新的历史开端，一种新的适用于建筑设计的数字图解工具及相关理论正在形成之中。

5.2.1　图解的哲学解释

德勒兹在《福柯》中认为福柯在其前期著述中一直在研究两种形式，即可述者的形式及可见者的形式，直到《监视与惩罚》才找到肯定的答案：可述者的形式与可见者的形式完全不同，并以"刑法"及"监狱"为对象阐述了两者的关系。"刑法"作为"违法及惩罚"这一内容的形式，它是可述的功能，是可述者的形式；而"监狱"作为"囚徒及监狱环境构成"这一内容的形式，它是可见的内容，是可见者的形式。这两种形式不断发生联系，相互渗透，相互摆脱：刑法不断提供囚徒，并将他们押送进监狱，监狱却不断再造罪犯，使罪犯成为"对象"，实现刑法所另外构想的目标（保卫、囚犯变化、刑罚调整、个性）等。由此可见，监狱是刑法的形态转化，即"可见者的形式"是"可述者的形式"的转化。而事实上，形法对应的形式并不一定是监狱，比如18世纪的刑法基本不涉及监狱；监狱也并不是刑法唯一对应的形式，比如，监狱就曾是欧洲复仇或君主复辟时的惩罚形式，那么，我们如何确切地表示刑法及监狱之间的关系呢？或者说如何确切地表示"可述者的形式"与"可见者的形式"之间的关系呢？德勒兹基于福柯的思想提出了"纯粹的可述的功能""纯粹的可见的内容"以及抽象形式的构想，并认为功能及内容均体现在抽象形式之中。福柯把这两者之间的关系抽象地确定为一台机器,"这种机器不仅通常运用于可见的内容,而且通常渗透于一切可陈述的功能",对于"刑法"与"监狱",其抽象的关系则可表述为"在异常的人类多样性上强加异常的行为",他给这种抽象关系取了一个最贴切的名字:这就是"图解"(Diagram)。福柯认为,图解是"一种函数关系,从一些必须分离于具体用途的障碍和冲突中抽象出来的关系"。德勒兹认为,图解不再是视听案卷,而是一种图,一种与整个社会领域有共同空间的制图术。它是一部抽象机器,它一方面由一些可述的功能及事物所定义,另一方面,产生出不同的可见的形式;它是一部无声而看不见的机器,但是又让别人看见和言说。

德勒兹在讨论了权力概念及社会势力问题之后,又进一步定义图解,什么是图解?图解是构成权力的各种势力之间关系的显示。权力或势力之间的关系是微观物理的、策略性的、多点状的、扩散的,它们决定了特征并构成纯粹的"可述的功能"。图解或抽象的机器是力之间关系的图,密度或强度之图,它通过原初的非局部化的关系而发展,并在每一时刻通过每一点,"或者更恰当地说,处于从一点到另一点的每一种关系之中"。当然,这与先验的观念没有关系,与意识形态的超结构也没关系,与由物质限定的、由形式和用途所定义的经济基础更无关系。同样,图解作为非一元化的内在原因而发生作用,内在原因与整个社会领域有共同空间:抽象机器就像执行关系的具体集合的原因;这些力之间的关系发生在它们产生集合的组织内部,而不超越其上[98, 99]。

由此可见,哲学家认为,图解表示了各种力之间的联系关系,它是一部抽象的机器,一边输入可述的功能,另一边输出可见的形式。

5.2.2 数字图解的定义

如上所述,哲学的图解犹如一部抽象的机器,可以输入需求并输出形式。在这一点上，建筑设计过程与其相似，也是将一些可述的功能要求及影响设计的要素通过某种关系转化成各种可能的可见的形态，因而我们可以认为，前述埃森曼开发的生成性图解也正是基于这一点，在设计过程中引入图解工具，将传统设计改变成图解过程。

但是，由于图解本身表示了各种影响力之间的关系，或称它是一个函数关系，并且输入的可述的因素不止一种因素且具有动态性，这样输出的结果也具有多样性，如果要人为地控制这一过程是不可能的，而计算机技术却可以控制并实现这一过程的转化，因而，计算机技术与图解概念找到了结合点，依靠计算机语言可以将各种影响力之间的关系，通过指令集合的方式（算法）写入计算机形成程序，并将那些影响设计的要素的信息量输入，运行程序便可获得各种可能的形式作为建筑设计的雏形。在这里，程序即是数字图解，或称数字的抽象机器。

因此，数字图解的设计可以定义为用计算机程序生成形体的操作，程序包含了计算机语言以及算法，算法是一系列按顺序组织在一起的计算操作指令，这些指令内涵了对所要生成的形体的要求及形体的特点的描述，它们共同完成某个特定的形体生成任务。在建筑方案设计过程中，基于对人的使用要求或行为以及对建筑所处环境的影响因素的分析，找到可以与分析结果相对应的基本形体关系，进而用算法（规则系统）描述形体关系，并编写程序，之后进行计算，从而生成建筑设计雏形[100]。

运用数字图解的理论进行建筑设计，实际上，是把建筑放到了一个动态系统中进行设计，这是因为图解表示的是各种力之间的关系，具体到建筑设计的场合，即表示的是影响建筑设计的各种条件因素之间的关系，它是一个设计的抽象机器，当输入的设计条件因素发生范围或量的变化时，图解的结果也会相应发生变化，因而，作为图解输出结果的形体其实是一个形体范围，它是各种可能的形体的集合，而这一形体的范围或集合形体，正好可满足建筑建成后各种环境条件具有一定变化范围的实际情况的要求，因而它更适用。在这一点上，这种设计途径与传统的设计完全不同，传统的建筑设计是把建筑的场所环境抽象为一个理想的匀质空间，各种影响设计的条件因素均是不变的常量。但即便是在过去，在其他学科却并不像建筑设计这样对待设计，例如在舰艇设计时，抽象环境充满了流动、湍流、黏性和拉力，这些力用来测验舰艇的外壳，在船体实验中，顺水航行与逆水航行时，对船身的形态的不同要求可以使船身成为最终优化的形体。同样的道理，建筑为什么不由它所处场所的物理环境及文化环境的动态因素来塑造呢？变化的因素将通过图解生成建筑形体范围，这一形体范围正是最优化的建筑形体。因而运用数字图解的建筑设计就像船体设计那样，得到虚拟运动环境中建筑设计的优化结果。

另一方面，与前述解释性图解及生成性图解相比，图解与计算机技术的结合使图解内涵本身有了令人惊讶的扩展。埃森曼的图解虽然也称作生成性图解，但是，这种生成性只是记录了设计过程中间状况的绘图踪迹，这种设计过程图的叠合图如果称得上生成结果的话，最多也只不过是手工半自动操作的形体结果；库哈斯的社会学图解，实际上还停留在从统计学的角度找到形式灵感，并进行人为操作发展设计；赫尔佐格则是从现象的分析中，人为找到形式参照，并发展形成设计。它们与今天具有自动生成能力的数字图解相比，还有相当的距离。埃森曼之前的解释性图解就更是如此。从这一比较来看，数字图解毫无疑问是对之前图解概念的发展。

5.2.3　数字图解的设计案例

1. 数字图解的早期案例

格雷戈·林恩是这一领域的代表建筑师之一，他在1993年纽约"Port Authority Triple Bridge Gateway"竞赛方案设计中，以动画软件中的粒子系统作为图解，以纽约第7大道及38街上人流及车流的交通量作为影响设计的主要因素，在粒子系统中，行人及汽车的速度及交通量作为作用力建立了一个引力场，不同强度的交通量以不同密度的粒子来表示，粒子受到力场的作用发生运动，软件可以记录下粒子的运动轨迹，经过一段时间对其轨迹的捕捉，这些粒子移动的相位图就渐渐形成了管状形态，这个形态正是建筑设计所要的设计雏形（图5-3）。在20世纪90年代后期的设计中，林恩已不再局限于使用动画软件中给定的工具作为图解，而是自己编写计算机程序并在某种软件系统中运行，由此获得图解，并以此来生成建筑初始形体，比如哥斯达黎加的自然历史博物馆设计以及胚胎住宅设计均用这种方法生成设计[101、102]。

卡尔·初是另一位以图解为工具设计的探索者，他积极探讨生命原理与计算机技术相结合的图解工具，形态基因体系是他设计的基础，他坚信应以内在法则和形态代码来生成建筑形体，从而建立建筑学的自治。他的图解是建立在递归基础上的基因遗传学，"在基因这个概念中内涵的是一个基于遗传规则复制遗传单元的思想。埋藏在这种机械复制之中的是一种生成功能：基于递归的自指涉逻辑。递归是一种不断自我重复的规则，从而自指涉地生成一系列变形。""ZyZx"是一组由一维原胞自动机的基因密码生成的几何形体，每一种规则形成一个可能的单胞体，通过各个球体表现；"原形建筑"是这些规则扩展而生成的建筑形体（图5-4）。在这些形体的生成过程中，元胞自动机算法系统是作为抽象机器的图解[103]。

UN Studio更多地把图解工具用在实际项目中。博克尔和博斯通常从其他领域

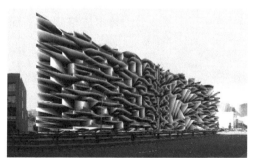

图5-4 卡尔·初的原形建筑[24]

图5-3 林恩Port Authority Triple Bridge Gateway竞赛方案[24]

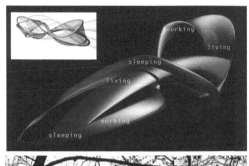

图5-5 UN Studio的莫比乌斯住宅[24]

借取图解材料，输入计算机软件中，比如数学图解、电路图、乐谱等，在某个设计项目进行时，根据项目具体情况如场地、功能、流线等选择合适的图解素材，并以项目具体的条件作为触发，促使图解运动并产生变形，从而获得建筑设计的形体。他们认为设计过程中借用的图解素材与素材本身的信息无关，它们只是作为某种先在性关系而存在，在结合具体项目时，项目信息导致先在性图解发生拓扑变形，生成了适合于具体项目的形态，因而同一图解在不同项目中使用，同样可以产生不同的设计结果。UN Studio最常用的图解是莫比乌斯环及其变体克莱因瓶和三叶草。莫比乌斯环最早用在1993年设计的一个住宅，在这个方案中，互相缠绕的两条轨线上分别布置了24小时家居生活中起居及工作功能；独立的工作空间与卧室空间互相平行，轨线的联结处则作为公共空间（图5-5）。莫比乌斯环图解在2006年的西班牙新项目中稍加变形再次使用，在新的方案中，建筑与人流车流充分互动，为来访者带来多重体验。1996年开始设计的阿恩海姆综合中心使用了克莱因瓶作为图解，以一种封闭的方式连接了综合体中的办公楼、火车站、地下停车场、汽车终点站等各部分，在这个方案中，各部分之间的关系是克莱因瓶的拓扑变形。2006年建成的德国斯图加特奔驰博物馆则是三叶草图解拓扑变形而生成的建筑形体[104]。

2. 现象因素的形态转化

如果我们认可建筑应该放在动态场所中设计，那么，建筑的形态应该与外部环境之间具有密切的关系，事实上，建筑的形态同时还与其内部活动之间具有紧密联系，就像舰艇的外壳形状同样要由内部功能决定一样。因而，建筑设计的使命也就是让建筑形态产生于建筑所处特定地段的外部影响以及特定的内部要求，这样，建成的建筑才能与场所环境及建筑中活动的人之间具有协调性，从而保持三者间的积极互动，产生活力。这里，外部影响及内部要求将从根本上决定建筑的形体，并进而决定该建筑是否真正好用，是否有活力，那么，如何正确选择那些真正能给使用该建筑的人带来良好体验的设计因素呢？

林恩在探索初期尝试了直接从项目实际场所获得影响设计的因素的方法，如上述纽约Gateway设计竞赛中，以第7大道及38街交通量描绘步行者及汽车的活动，这样设计的结果忠实于场地实际情况，无疑是在为这一场所设计建筑。但是，后来的设计，由于在建构图解关系、选择图解机器或输入参数的时候遇到了技术难题，结果又背离了忠实于场所实际的方法，比如胚胎住宅的设计，以计算机程序表达胚胎发育为图解，以每幢住宅的不对称性为输入条件，生成出不同的住宅设计，这里胚胎图解以及不对称性均与住宅的实际场地以及实际使用毫无关系，因而虽然运用了计算机技术，但不免有形式主义的倾向。卡尔·初虽然找到了一种行之有效的内在生成法则作为抽象机器，然后，在与实际项目的结合上几乎没有涉足，更谈不上以具体场地及使用为出发点生成建筑设计，因而，也同样停留在形式研究的境地。UN Studio虽然曾一度试图通过编程建立适合于具体项目的图解，但是，最终还是固定在重复使用某几种从其他学科借来的图解，在完全不同的项目上仅仅有几种图解作为选用对象，最终选用的图解不免牵强。

回到"如何选择影响设计的因素"这一问题上，我们主张通过直观观察或调查研究获得实际项目的设计影响因素，这些因素是易于让人们认识到的，能够在人的意识层面上产生认知和显现的。建筑设计的起点正是从捕捉这些因素开始，并研究它们之间的相互作用，发现它们之间的联系规则或特点，进而用参数化的关系概括规则形成图解，或找到符合其联系特点的图解关系作为抽象机器，从而用计算机语言数字化这些关系形成数字图解，最终，在通过调研获取参变量数值后，通过数字图解实现形体的转化，并获得一个形体范围作为建筑的形体雏形。这样，建筑是根植于场所和人的行为要求之中的，以这样的方法获取的设计影响因素可称之为"现象因素"，这种直观性以及强调在人的意识中的显现性符合了现象学的哲学原理，因而，在运用图解概念以及计算机技术进行设计的同时，把人放在了建筑设计的中心，在这一认识上，表现出我们对当今先锋设计倾向的不同看法。

　　清华大学南门外的人行天桥是一个简单的一字形过街天桥，设计要求对现存天桥进行改建，增加信息咨询、休息等候功能。新的天桥设计由以下几个步骤完成：①现场调查研究，通过观察与统计发现经过天桥的人流主要由几个主要的目标点产生：附近的两个公共汽车站、清华科技园办公楼群、南门、南侧居民区、西南侧餐饮区等，这些目标点产生的人流在不同时间段、人流量、人行速度、人流方向等方面均有不同特点，这些因素构成了影响天桥使用的参变量；②借用流体力学软件Fluent进行人流流场模拟，地段的人流可视为流体在容器中的流动，以流体来模拟人流，找出人在地段上自然状态下的流动情况。软件使用时，以地段边界对应容器壁，天桥出入口对应容器口，人行速度对应流速，人流量对应流体流量，人流流线对应流体流线，并把在不同时段现场调查统计的数据分别代入Fluent软件，以控制变量法分别获得流动模拟结果；③对流场模拟结果进行分析，以模拟结果中"流线与空泡图"作为天桥设计的雏形。首先对各种不同时段流线与空泡图进行概括处理，获得简化图形，之后将简化图形进行集合并分析，进一步得到叠合后的综合图形；流线较密处设置天桥人行道，在空泡处设置功能块如信息咨询或休息等候；④研究天桥通道及功能空间处的人体活动尺度，并画出剖面控制线，并通过Rhino软件放样生成天桥的三维空间形体雏形，同时考虑其他影响因素如结构、构造、视线、色彩等进化雏形，获得天桥方案（图5-6）。

在这一设计中，流体力学的Fluent软件是作为抽象机器的图解，它实际上表示了影响流体的各种因素的动态力学关系，因而设计结果与经过天桥的行人的动态习性相一致，能更好地满足过桥行人的要求，另一方面，由于各时段的统计数据来自场地行人的真实情况，因而，生成的天桥形体是属于这一特定的场合的形态。

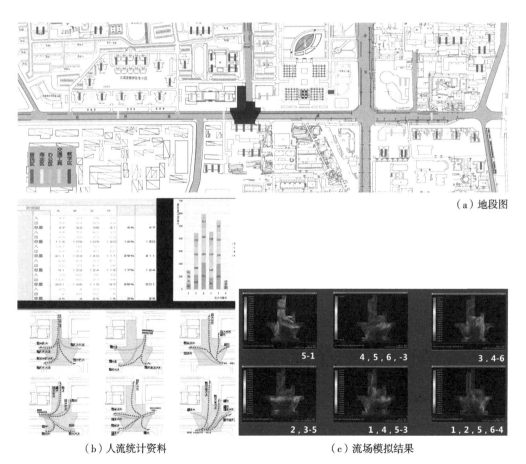

（a）地段图

（b）人流统计资料　　　　（c）流场模拟结果

图5-6　清华大学南门外人行天桥设计（一）
（来源：作者教学studio学生作品）

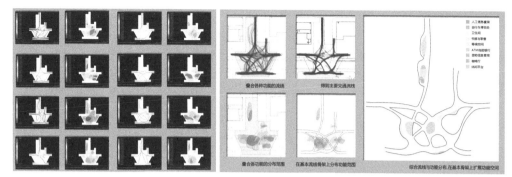

（d）流线及空泡概括图　　　　　　　　　　　　（e）流线及空泡图的叠合

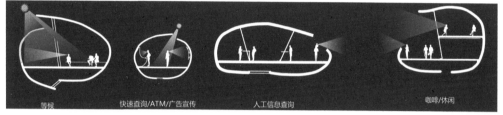

（f）活动空间剖面控制线研究

（g）天桥形态分析图　　　　　　　　　　（h）天桥鸟瞰图

图5-6　清华大学南门外人行天桥设计（二）
（来源：作者教学studio学生作品）

5.3 算法生形

5.3.1 算法生形的概念及示例

根据第3章3.4节计算机图形学知识，对于任何要在计算机屏幕上显示的图形来说，无论其简单还是复杂，简单到一条直线或一个点、复杂到行云流水，生成这些图形都需要计算程序，程序由计算机语言描述算法而编成，算法是程序的核心；算法表达了要显示的目标图形的计算方法及其计算过程，即计算算式的先后顺序；计算算式实际上是几何等式方程或是几何等式方程的变换公式（对于欧几里得几何来说），也可能是表达几何关系的过程描述（对于非欧几里得几何来说），这里几何关系是算法的实质性内容。因此，在计算机屏幕上图形的生成就是由算法决定的，这也可称为"算法生形：通过算法生成图形"。

但是，如上所述数字图解的设计，虽然也是通过运行程序在计算机屏幕上生成建筑形体，同样算法也是程序的核心、几何关系是算法的实质性内容，然而此处的算法把设计者对目标形体的要求及期许蕴藏其中，这里的要求及期许指，目标形体应该满足特定的使用者在其中的某些行为或活动的要求，或目标形体应与所处环境具有某种联系；事实上，在编写程序及形成算法之前，设计者应该已经把使用要求、环境联系与将要编入算法的几何关系进行了匹配，并初步认定两者之间具有较好的适配性。因此，建筑的数字图解设计其实就是通过选择合适的几何关系，并构筑合适的算法，通过程序在计算机上的运算，最终生成形体作为建筑设计的雏形，我们将这一设计过程定义为数字建筑设计的"算法生形"，它是建筑的数字图解设计理论的核心内容。

我们以北京798艺术中心设计为例阐述数字建筑设计的算法生形的过程。设计场地位于D-Park中心［图5-7（a）］，在对人的活动及周边环境分析及调研的基础上，确定动态的"观"与"展"关系是设计的重要因素，同时这一特定场

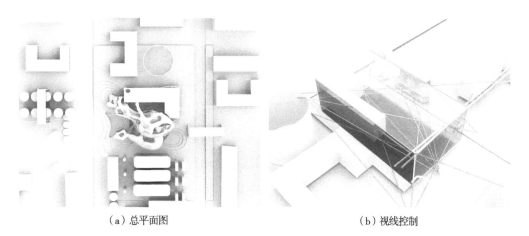

（a）总平面图　　　　　　　　　　　（b）视线控制

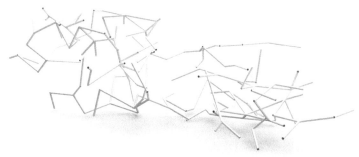

（c）观展路径树枝形状图

（d）方案雏形　　　　　　　　　　　（e）观展流线

（f）鸟瞰图　　　　　　　　　　　（g）人视图

图5-7　北京798艺术中心设计
（来源：作者教学studio学生作品）

地的观展，不仅包括艺术中心内部的观与展，并且，在建筑里行走时观看到场地周边工业遗产的景观也是非常重要的观展内容。这样周边工业遗产的景点位置、艺术中心室内展品位置、观展者运动路线及观展者视线等成为影响设计的重要因素。分析"观""展"行为，展品是固定在某一特定位置的，而观者则是不断按顺序流动到达展品处观看，根据这一活动行为的特征，选用具有分形枝权几何关系的算法——限制性扩散聚集（Diffusion Limited Aggregation，DLA）作为算法生形的基础。

DLA算法由美国人T. A.Witten 和L. M. Sander于20世纪80年代初提出，这是一个分形生长模型，最初该模型主要是为了研究悬浮在大气中的煤灰、金属粉末或烟尘扩散的凝聚问题；目前DLA模型主要应用在分形聚集生长、絮凝体仿真模拟、植物生长模拟以及图案设计等方面。

在该设计中，将DLA算法拓展为三维DLA算法，设计者使用了三维DLA算法进行设计生形。三维DLA算法生形的过程可解释为，在一三维封闭空间里放入若干个静止的粒子，并在空间边界随机放入若干个新粒子，这些粒子作随机行走，如果碰到空间中静止粒子则凝聚不动；如果碰到空间外壁则不考虑它；并可不断放入新的粒子，让它们作同样的运动，直至产生相对理想的凝聚结果，这一结果将是各种各样的分形结构，它们与自然界中树枝形状相似。

在用这一算法构筑设计关系时，静止的粒子代表展品，随机运动的粒子代表观展者，最后形成的树枝形状结构反映了观展路径；在构筑三维封闭外壁的时候，把实地调研而得到的场地上观看周边工业遗产的最好角度，以若干条视线作为控制，建立管状外壁，以留出视觉通廊，外壁的其他部分则考虑了退红线，西南广场人流活动要求，与保留建筑的关系等因素而确定［图5-7（b）］。接着，选用了犀牛软件的内嵌语言Rhinoscripting将算法写入计算机建立了软件参数模型。经过多次试验后可得到作为观展路径的树枝形状图［图5-7（c）］。

以此树枝形状图作为基础，设计者又用了计算机图形学中变形球技术（Metaball）获得建筑设计方案雏形。变形球（Metaball）技术是由Jim Blinn于1982年发明，它是一种建立变形曲面的技术。它的主要原理是利用变形球建立能量场，然后通过标量域的等势面来建立三维曲面模型。简单地说，就是在空间里布置一些变形球，每个变形球都有一个能量场，通常用势能函数来表示；设空间里布置着无数个点，在其中某一点，它的能量为每个变形球给它的势能的叠加，然后在空间的所有点找出势能相同的点，就得到一个由这些点组成的曲面。设计的具体做法是在树形结构节点处布置变形球，并调节变形球的能量场，变形球技术就可根据等势面原则构筑出不规则曲面体作为设计方案雏形［图5-7（d）］，再根据其他设计要求及条件的作用，设计雏形可以发展到设计方案［图5-7（e）~（g）］。

算法由于有计算机程序的驱动可以生成形态，因而，使得建筑设计"找形"的形态发生及反馈过程成为可能，从而，实现了建筑形态在与环境外力及人类主体行为动态相互作用下，建筑形体的自组织生成目标。作为结果，建筑形态与周边建成环境及人的活动要求之间将具有最大程度的协调性。

5.3.2　基本生形算法与脚本语言

在算法生形时，通常有一些基本算法，并且也有常用的计算机脚本语言。算法的表达方式多种多样，比如可以用自然语言、伪代码或流程图描述；一个好的算法应该有极高的效率，占用最少的时间和空间来完成指令。下面介绍几种基本的生形算法，这些算法经常用来进行复杂形态生成和过程模拟。

1. 递推
递推是一种利用计算机强大的计算执行能力的算法，它将复杂庞大的计算过程转化为简单过程的多次重复，它通过若干步可重复的简单运算规律，依次计算序列中的各个项，它一般以起始值为基础，进行单向计算，用循环来得到计算结果。

2. 递归（Recursion）

递归指函数或程序在运行过程中直接或间接调用自己，在递归过程中必须有一个明确的递归结束条件，也就是递归出口，因而它能为复杂的计算提供一个边界条件，从而获得理想的结果。比如在建筑设计中可利用分形法对大尺寸的面板进行分割，而分割结束点可确定为，单元面板的尺寸不大于最大可运输尺寸。

3. 迭代（Iterative）

迭代法又名辗转法，其过程是针对一组指令不断用变量旧值递推出新值，这一过程利用了计算机运算快、适合重复计算的特性。迭代法又分为精确迭代和近似迭代两种，是计算机解决问题的基本方法。L-system就是一种典型的迭代算法。

4. 贪心算法（Greedy Algorithm）

这是一种用于寻找最优解的简单快速的方法，其特点是以当前情况为基础一步一步进行最优选择，而不考虑各种可能的整体情况。该算法采用自上向下、迭代的方法做出相继的贪心选择，省去了为寻找最优解要穷尽所有可能而耗费的大量时间。

5. 分治法（Divide and Conquer Algorithm）

分治也就是"分而治之"，它把一个复杂问题转化为多个相同或相似的子问题，再将子问题细分，直到子问题可简单求得解答，而原复杂问题的解就是子集解的并集。

6. 遗传算法（Genetic Algorithm）

遗传算法是借鉴生物的进化规律，即优胜劣汰机制发展而来的随机搜索方法，它是具有"生存+检测"的迭代过程的搜索算法。这一算法已经被广泛应用于组合优化、机器学习、人工生命等领域，是现代智能计算的关键技术。约翰·福瑞赛

（John Frazer）在20世纪90年代将该算法引入建筑设计创造了进化建筑算法，使得建筑如同自然物种一样适应、进化得到最佳结果。遗传算法可进行曲线以及曲面拟合，佐佐木睦朗还把它用于结构分析和结构设计。

算法需要通过程序语言及脚本的编辑进行运算。建筑设计和建造过程中常用的脚本操作平台有基于VB的Rhino Script、基于C语言的Maya Mel和Python、基于Java的Processing、基于CAA的Catia等编辑平台；在脚本的执行过程中，条件语句、循环语句和情况语句等流程可以表达出不同的算法逻辑，从而实现复杂的计算过程；分形的迭代和递归、集群智能、多代理系统（Multi-agent）等都是数字建筑师进行形态生成的重要工具；在曲线曲面形态的分析和优化上，许多算法也能发挥重要的计算功能作用。

5.3.3　数字设计的生形算法归类

在数字建筑设计的算法生形时，根据设计对象的不同条件及特点，通常采用不同类型的算法来解决问题，可以把用于数字设计的生形算法分成四种类型，即经典算法、自编算法、软件菜单及组合算法。

经典算法指那些具有明确定义并且已经广泛使用在不同领域的著名算法，在数字设计时可直接运用或改写这些算法生成形体，比如在本章5.3.1节设计案例中，设计者使用的DLA算法就属于这一类，它被进行了三维改写之后，用来生成798艺术中心的空间形体；此外还有如VORONOI、元胞自动机、L-system、极小曲面、蚁群算法等也是这类算法。VORONOI可用来生成建筑立面划分，通过调节控制点的位置可以改变不规则多边形的大小，从而满足开窗大小的要求；在仙台灾后重建设计方案中，使用了VORONOI对整个场地进行划分，生成了道路系统和功能分区，然后在每个地块内使用元胞自动机算法，按照规则将单元体堆

叠生成建筑形态［图5-8（a）（b）］；在分形城市设计方案中，使用了L-system
生成形体作为建筑骨架，并使用了极小曲面包裹骨架形成建筑的空间和表皮
［图5-9（a）（b）］。

自编算法指面对数字设计的特殊问题，需要通过设计者自己独创某种算法来解
决设计形态生成问题。自编算法需要根据具体情况，运用某种科学理论或定律来创
造算法解决问题。比如澳大利亚建筑师Roland Snooks认为，算法应该从设计中生
成，而不是简单地选择算法去适应项目，他擅长运用集群智能思想，根据设计项目
实际需要，构筑算法生成形体。在纤维塔2（Fibrous Tower 2）的设计中，通过基于
算法的代理过程，来探索装饰、结构和空间秩序的生成。由于代理的出现和迭代的
使用，使得操作能够在相对简单的几何壳体厚度的纤维网格中，产生一个迥异的塔

（a）总平面图

（b）局部透视图

图5-8 仙台灾后重建设计方案
（来源：作者教学studio学生作品）

（a）生形过程

图5-9 分形城市设计方案
（来源：作者教学studio学生作品）

（b）方案鸟瞰

楼；而迭代的继续应用使得与外部壳体分离的室内结构和中庭空间的形成带来可能性［图5-10（a）（b）］。

软件菜单也是一种形体生成的渠道，对于有些设计问题，不一定通过算法及编程这种高级的生形手段进行设计，也可以直接使用图形软件如犀牛、玛雅里的菜单，直接在这些软件界面上生成形体，因为这些软件菜单操作指令的背后也是某种算法在起作用。弹性空间设计方案便是用犀牛软件的放样菜单生成的建筑形体，设计者首先分析场地条件及人流流向得到平面轮廓，再对学生在室内的活动进行研究并得到不同部位的剖面轮廓，然后用"放样"菜单生成设计雏形（图5-11）。

组合算法指进行一项设计时，将多个算法组织在一起形成规则系统进行设计

（a）外观

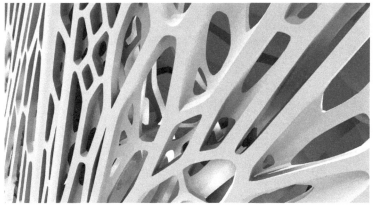
（b）细部

图5-10　Roland Snooks的
纤维塔2设计
（来源：Roland Snooks提供）

生形。事实上，当需要解决一个复杂的建筑形态生成时，一般会将多个不同的算法组合使用，最终通过程序运算得到设计形体。要生成图5-12（a）所示的不规则多边形镶嵌形体，可以通过组合算法来实现目标图形。首先使用VORONOI生成不规则多边形镶嵌图形［图5-12（b）］；之后将多边形的各个边增加若干控制点［图5-12（c）］，并用"柏林噪音函数算法"实现控制点的随机移动；最后用Bezier曲线算法将控制点连成曲线，即可得到目标图形［图5-12（a）］。在这个形体的生成过程中，实际上使用了VORONOI、柏林噪声函数、Bezier曲线三种算法的组合来达到目的。

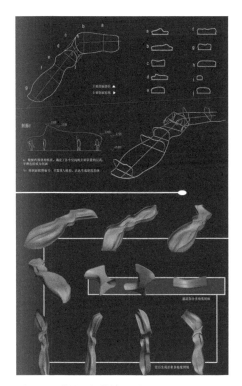

图5-11 弹性空间设计生形过程
（来源：作者教学studio学生作品）

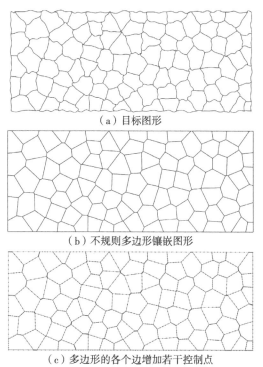

（a）目标图形

（b）不规则多边形镶嵌图形

（c）多边形的各个边增加若干控制点

图5-12 应用组合算法示意
（来源：徐卫国，李宁. 生物形态的建筑数字图解. 北京：中国建筑工业出版社，2018:112-113）

CHAP
6

第6章

参数化数字设计方法

6.1 参数化数字设计的定义

6.1.1 参数化设计概念

参数化设计其实就是参变量化设计，也就是把设计参变量化，即设计是受参变量控制的，每个参变量控制或表明设计结果的某种重要性质。这里要明确一下，"参数"与"参变量"同义，参数分为两种，即不变参数（参量）和可变参数（变量），改变"可变参数"的值会改变设计结果。

参数化设计方法其实在计算机出现之前就已经被应用于建筑设计中了，高迪在19世纪末到20世纪初的一系列作品中就利用到了类似参数化设计的方法。墨尔本皇家理工大学（RMIT）的教授马克·贝瑞（Mark Burry）作为圣家族教堂（Sagrada Família）的建筑负责人，对高迪的设计有着非常深入的研究，他认为虽然不清楚高迪是否受到了研究参数化的数学家和科学家的影响，但在高迪的建成项目中可以清晰地反映出参数化设计方法的痕迹[105]。比如高迪在设计古埃尔教堂（Church of Colònia Güell）的时候，通过悬链线实物模型确定教堂拱顶的形态，通过调节一系列参数，包括绳索的长度、固定节点的位置、悬吊物的重量，可以生成一系列符合重力关系的结果（图6-1）。在这个设计系统中，绳索的长度、固

图6-1 高迪悬链线实物模型
（来源：李晓岸拍摄）

定节点的位置、悬吊物的重量等是"可变参数"；而"不变参数"为绳索（有别于其他材料的线材）、固定节点的打结方式、悬吊物的材质等。

6.1.2 参数化数字设计概念

参数化数字设计是数字技术与参数化设计相结合的产物，它以数字建模技术为基础，需要构建参数化软件模型，通过这一软件模型进行参数化设计。参数化软件模型是一种用参变量控制模型形态的整体逻辑关系系统，它通过规则系统（或称算法）把影响模型形态的各种因素（参数）联系在一起；不同的规则系统可以构建不同类型的模型形态，当改变参变量的输入数值的时候，计算生成的模型形态会发生变化；这里输入的参变量可以是数值，也可以是图形。

参数化软件模型还常被称作智能模型（Smart Model，Intelligent Model）、架构模型（Skeleton Model）、设计图解（Design Schema）、关联设计（Associative Design）等，但无论名称如何，这一方法至少包含了四个基本特征，即：反映设计的本质和独特特征（Essential and Identifiable Characters）、能够生成多解的设计（A Family of Designs）、生成的设计具有明显差异（Vary Significantly）、能够满足设计要求（Meet Requirements）。

参数化数字设计可用在城市设计、建筑单体设计、室内设计、工业产品设计、景观设计等不同领域。就建筑单体设计而言，参数化数字设计也可用于不同的方面，如对已有形体的参数化控制，对构造节点的参数化设计，对建筑表皮的参数化分形划分等，当然我们最重视的还在于进行单体建筑方案的生成设计。

参数化数字设计的优势在于能够以一个"模型"对应一系列设计方案，提高设计效率；它可以代替设计师完成部分设计工作，节省设计师修改、计算、建模等环节的工作量；它能够保证生成的方案满足预先设定的功能与技术要求；同时它便于进行多方案比较、寻找具有良好功能及技术性能的方案等。

另外，我们应该认识到，计算机辅助设计（CAD）自发展以来不断取代劳力，成为设计师进行辅助绘图和建模工作必不可少的重要工具，但是，参数化数字设计在设计的内部逻辑上超越了计算机辅助设计的功能，它已从工具和辅助层面跨越出来，展现了设计过程的内部机制。这一点犹如展现了建筑师人脑的黑箱设计过程，它是一种设计思路的理性而清晰的表达，它所要面对的是直接用某种形态的结果满足需求。因而它本身已不仅仅是一种工具和方法，更是一种解决问题的策略和思路。

6.2 既有参数化数字模型编码方式[106]

建筑的生成规则具有多种来源，既有来自建筑自身要求的规则（如几何构成关系、功能需求、流线分析等），也有借鉴其他系统或算法转化而来的规则（如仿照生物形态、物质微观结构等），因此，不同参数化数字模型采用的编码方式也不尽相同。对于参数化数字模型，可对其编码方式进行分类归纳，这里介绍常用的四种方式。

6.2.1 基于设计过程的方式

基于设计过程的方法是参数化数字模型最早的编码方式，它受益于克里斯托弗–亚历山大的《形式综合论》一书[107]，书中提出设计问题可以被分解为一系列可排序的子问题，通过解决这些子问题便能完成设计工作。随后，Stiny[108, 109]提出了形式语法（Shape Grammar）的概念，其定义为"描述某一形体向另一形体转化的规则"。根据形式句法的思路，通过定义形式变换的一系列规则、按顺序解决设计的一系列子问题，即可生成特定的建筑形体。因这一方法的实现基础是将设计问题分解为一系列过程（即可排序的子问题），故将其称为基于设计过程的参数化模型编码方式。几十年来，研究者尝试利用这一方法建立了一系列参数化数字模型，自动生成特定的建筑形体，如赖特式的草原住宅[110]、帕拉迪奥式的古典主义建筑[111]、西扎风格的独立住宅[112]［图6-2（a）］、营造法式中的中国木结构建筑[113]［图6-2（b）］等。

　　要使用基于设计过程的编码方式进行建模，其前提是建筑问题能够被划分成一系列可排序的子问题。这对部分较简单的建筑类型而言是可行的，如独立住宅的设计可被认为是将大空间分步划分成一系列小空间的过程，每一次划分都依赖于之前的结果，且不会对之前的结果产生影响，因此是一系列可排序的子问题，但对较为复杂的建筑问题而言是较难实现的。因此，基于设计过程的编码方式适用范围较小，只能解决设计过程可被明确划分为有限步骤，且步骤间顺序性较强的建筑问

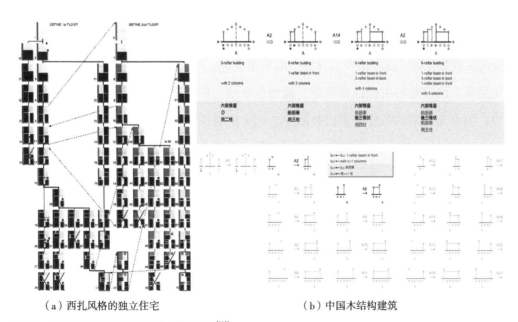

（a）西扎风格的独立住宅　　　　　　（b）中国木结构建筑

图6-2　基于设计过程的参数化数字模型编码[112]
（来源：吕帅提供）

题。另外，对于复杂的建筑问题即使可以简化为一系列可排序的子问题，其子问题的数量及每个子问题包含的可能性也会很多，这容易造成"组合爆炸"，使参数化数字模型的编码需要进行大量的枚举，导致编码复杂程度提高。如某一设计问题有 N 个步骤，每个步骤分别有 M 种可能性，则枚举总数将达到 $M \cdot N$。这也间接导致基于设计过程编码的参数化数字模型解空间（指所有可能的解的集合）常常偏小，因为在组合爆炸的情况下，枚举全部可能性几乎是不可能的。以上问题亚历山大在其论著中已有提及，也正因如此，亚历山大后来逐渐放弃了这一理论与方法，但其他学者的研究仍在继续，使这一方法成为一种重要的参数化数字模型的编码方式。

6.2.2　基于拓扑关系的方式

对某一建筑问题而言，其可行解虽然千变万化，但其内在往往服从相似的拓扑关系，故可通过描述建筑构件或空间的拓扑关系来建立参数化模型，进而通过改变尺寸、角度、控制线等方式实现多解方案的生成。我们把这种方法称为基于拓扑关系的编码方式。以独立住宅为例[114]，通过界定建筑中客厅（L）、卧室（BR）、厨房（K）、餐厅（D）、卫生间（B）等各功能空间的拓扑关系即可建立参数化数字模型［图6-3（a）］，一旦建筑的形体参数被改变，新的方案便能自动生成［图6-3（b）］。

由于大部分建筑形体和空间都可以通过拓扑关系来进行描述，基于拓扑关系的编码方式适用范围很广，而且这一方法形象直观，符合建筑师的思维模式，故被大量用在参数化数字设计之中。从解空间的角度讲，由于有了拓扑关系的控制，参数化模型生成方案的可控性非常好，能够保证给出的大部分方案都是符合设计要求的；但由于方案的拓扑关系已被限定，剩余的灵活性较小，故很难生成新颖的方

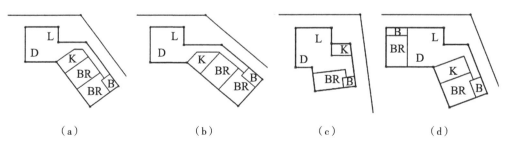

（a）　　　　　　　（b）　　　　　　　（c）　　　　　　　（d）

图6-3　基于拓扑关系的参数化数字模型编码–独立住宅参数化模型[114]
（来源：吕帅提供）

案，参数化模型的解空间容易偏小。从编码复杂度的角度讲，由于建筑问题往往具有多种而非一种可能的拓扑关系，使用此方法需对各种可能性进行枚举，故容易导致编码的复杂度较高。例如图6–3（c）和图6–3（d）展示的设计方案均与图6–3（a）的设计方案拓扑关系不同，使用基于拓扑关系的方式建立参数化模型需要对设计问题的各种可能拓扑关系进行枚举，否则会导致解空间过小。

6.2.3　基于单体组合的方式

部分建筑是由多种相对独立的单元组合而成的，这时可使用基于单体组合的方式建立参数化数字模型，即将设计方案可能包含的每一种单元以序号表示，再分别定义不同参数表示各单体元素的尺寸、朝向等具体属性，进而，设计方案可由代表所含元素种类的一组序号及表示所含各元素具体属性的一系列参数表示，由此即可建立参数化数字模型。以高层集合住宅的参数化模型为例[115]（图6–4），建筑方案可看作是从可选户型中挑选若干个、并按特定朝向围绕核心筒布置构成的，倘若用序号代表不同种类的户型，用参数代表各户型在建筑单体中的朝向，则一个由一组序号与一系列参数组成的数值串即表示一个可能的方案。

基于单体组合的编码方式适用于由独立单元组合而成的建筑问题，然而，大部分建筑的构件或空间都具有复杂的相互影响，很难简化为独立单体，故基于单体组合的编码方式适用范围较窄。从解空间的角度讲，这一编码方式由于只考虑了单元

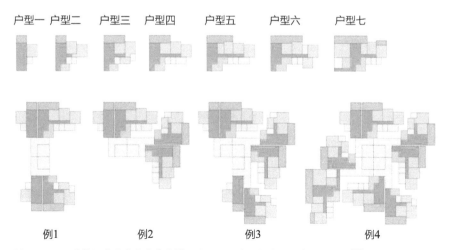

图6–4　基于单体组合的参数化数字模型编码——高层集合住宅参数化模型[115]
（来源：吕帅提供）

的组合，而不考虑他们之间的关系要求，故容易生成不可行的方案，解空间常常偏大，需要额外的判断方能使生成的方案符合要求，如图6-4中所示高层集合住宅参数化数字模型需要判断户型是否相互重叠、自遮挡是否满足日照要求等。

6.2.4　基于单元操作的方式

从理论上来说，任意形体均可分解为单元体（如正方体、正四面体等）的叠加，故可将建筑的规则系统转化成小单元的规则系统，对小单元进行操作（如变形、消去、元胞自动机运算等），再将小单元的运算结果转化为建筑方案，从而建立参数化数字模型。以独立住宅的参数化模型为例[116]［图6-5（a）］，可通过编程先将基础形体划分为多个小正方体，进而进行拉伸、扭曲、合并、消去等操作，形成空间划分，再根据空间形态特征赋予相应的功能，即可实现方案的自动生成。又如葡萄田式音乐厅的参数化数字模型[117]［图6-5（b）］，可使用多个四面体叠加成基本形体，进而进行变形操作，即可生成音乐厅的形体方案。

由于任意形体均可分解为单元体的叠加，故基于单元操作的方法是自由度高且适用范围很广的编码方式，可适用于所有建筑问题。对解空间而言，由于这种编码方式针对单元体编撰规则，而非直接针对建筑空间或构件，较难将建筑复杂的功能、结构等要求纳入参数化数字模型，故容易给出大量不合要求的解，解空间常常偏大，

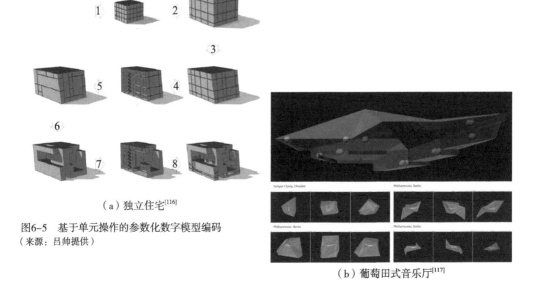

（a）独立住宅[116]

图6-5　基于单元操作的参数化数字模型编码
（来源：吕帅提供）

（b）葡萄田式音乐厅[117]

这是这种方法的缺点，另外，由于需要在建筑规则和单元体规则之间相互转化，这一方法的编码复杂度也通常较高。

6.3　参数化软件中数字模型的构建逻辑[118]

当前主流的参数化软件由于有不同的开发层次和面向对象，因而也有着不同的构建逻辑和操作界面，其中比较典型的有流程关系逻辑、树形层级逻辑以及图元关联逻辑。

6.3.1　流程关系逻辑

流程关系是指几何体的建模逻辑对应的一系列先后步骤的命令集合。这些命令项包括输入端和输出端，输出端即为需要的几何体及其相关几何属性信息，输入的是该几何体的构成元素和相关参数。整个流程涉及许多几何体的参数定义，当修改这些参数时，几何体都会发生相应改变。这些集成命令包含多种功能，有数学计算、几何体构建、几何体分析以及数组分析等。这些命令本身是一系列的代码，但为了方便与更多无代码基础使用者交互，因而采用图形按钮进行指令的集成。当前这种建构逻辑的软件代表为基于Micro Station的Generative Components（简称GC）以及基于Rhino的Grasshopper（简称GH）。

GC和GH的界面都分为两部分，一个是交互的三维模型空间，另一个是流程操作面板。其建模过程是在功能列表中选取建模命令然后编辑相关参数再将这些命令根据建模逻辑串联起来，这个过程在操作面板上呈现为一种流程图示。点选其中的某个建模命令图标可进行修改，同时与其关联的命令图标会变色，且随着先前关联命令参数变化而变化。GC的界面较为简单，流程图呈现为圆形图标和直线箭头指向关系，GH界面则呈现为按钮和曲线连接关系（图6-6）。GH是单向流程，不可进行循环、迭代、递归等更加复杂的功能，因而依

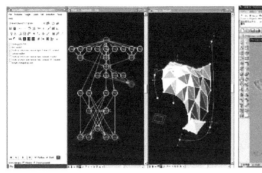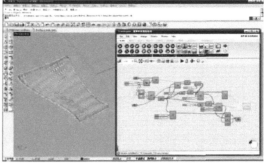

| （a）GC的操作界面 | （b）GH的操作界面 |

图6-6　建构逻辑的软件[118]

然需要脚本编辑拓展，当前GH已经接受VB.NET、C++以及Python语言的脚本扩展以实现更多的功能；另外在GH中建立复杂模型需要的流程也相应复杂，有可能导致输入输出连接复杂、信息图块复杂而导致不易识别，因此在建模过程中要优化逻辑，可借助脚本进行指令集成，从而减少按钮和连线。这种流程关系构建方式实际是一种生成过程图解的表达，集成命令按钮的连接使其明晰易懂，比如GH，它已成为当前参数化数字设计过程中最普遍应用的工具。这类软件或插件多应用于方案设计阶段的推敲和比较。

6.3.2　树形层级逻辑

树形层级逻辑是指在建模过程中，使用树形的分支结构关系、层层展开地进行几何体的构模。这类软件的典型代表如基于CATIA开发的Digital Project（DP），在Rhino平台上开发的Rhino BIM插件等均是按照这种逻辑进行模型管理的。

树形层级结构的表达方式实际上类似于计算机层层展开的文件夹与文件管理结构。完整的模型有许多几何构件子层级，每个几何构件层级包含坐标系、坐标平面、二维图纸、参数、实体生成、修改命令等子层级；二维图纸下又包含几何图形定义、约束层级，这些几何图形的定义最终又由基本的点、线的位置和关系描述；而约束层级下包括平行、垂直、尺寸等关系的定义；几何元素的形状和位置、操作和计算信息都是通过点选树形结构中相对应的命令图标进行详细的数值修改；由于各个几何元素之间的关联信息通过树形表达，因而一个元素的变动会关联相关元素的变化，每个几何元素和操作命令都可对它的子代和父代进行逻辑关系的查看（图6-7）。

在DP中，Power Copy功能在进行复杂模型的创建时可发挥非常大的作用，它可以将几何形体及相关参数，及其树形关系指定为一个Power Copy，并可设置参数作为可控因子；在完成大量复制后可通过Excel的数据导入，改变可控因子以引起所有Power Copy的关联发生变化，由此形成复杂的形态以适应环境或指定需求。同时在DP中还可进行脚本的编辑，以此来完成各种分析和优化工作。

与GH和GC不同的是，这类软件具有严密的逻辑和条理性的操作流程，这也导致并不容易迅速掌握并应用于设计，因而它多用于方案敲定之后的施工模型建构过程。

6.3.3　图元关联逻辑

图元关联逻辑是Revit专门为建筑建造定制的一套建模方式。它将建筑设计的轴线、墙体、门窗、结构等构件以图元的形式直接面对使用者，几何逻辑已经被隐藏在了建筑构件的定义之中。它的建模过程与以往工程图纸绘制过程一致，是从轴线和层高定位开始，再到结构、墙体、楼板，然后是门窗、立面细节和构造节点。在这个过程中所有建筑构件都是通过图元的实例参数和类型参数进行定义，这些定义包括基本的尺寸参数（基准线、宽度、高度等）、图纸显示参数（线宽、线型、填充等）以及建造参数（材质、厂商、造价、性能）等，所有的组件在项目浏览器中进行管理，由于这些图元在建立过程中彼此关联，因而修改其中一个图元属性时会发生双向关联，从而引起模型变化，同时基于整个模型导出的各类图纸、指标信息

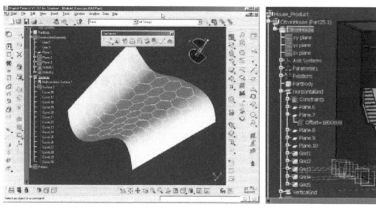

图6-7　DP的操作界面及树形结构图[118]

图6-8　Revit的操作界面及图元信息[118]

都将发生相应改变（图6-8）。

　　在这一软件里，所有几何体的逻辑组织是依照建筑的建造逻辑进行，因而不需要流程面板和树形结构各类几何信息和操作过程。对于建筑师来说无疑是一种成熟的体系，在面对建造的各种需求时，可高效率地工作。但这种工作方式更适用于传统规则建筑的建造，相比DP，它在面向非常规的复杂建筑形体和自定义的绘图标准时存在着局限性。

6.4　目前实际项目中参数化数字建筑设计内容[119]

6.4.1　常见的参数化数字建筑设计流程

　　数字建筑设计是通过数字化设计流程实现的。数字化设计流程串接起了数字建筑从方案设计到初步设计，再到施工图设计各阶段。使用数字工具和技术进行设计工作，保证了各阶段设计工作的无缝连接，特别是为下一步建造提供了准确的数字设计模型和数控加工模型。

　　在方案设计阶段，很多建筑师会通过绘制草图或制作手工模型的方式快速表达出自己初步的设计想法，在确定方案后再将图形输入计算机中。有些建筑师，如弗兰克·盖里，为了更加准确地将草图和草模转译成为计算机图形，通常使用扫描仪进行草图的扫描，得到GPJ或PDF等图元文件作为参考底图，再使用建模软件进行描图建模并深化；而对于实体草模则通过三维扫描仪进行扫描，得到记录模型准确形态的三维点阵XYZ坐标的txt文件，再将其输入建模软件中重新生成点云，然后将点云分组连接成NURBS曲线，再进行放样等操作生成NURBS曲面模型。

除了通过扫描转译草图和草模的方法外，还可以使用三维建模软件直接进行形体建模。比如扎哈及MAD等事务所通常先采用MAYA的多边形建模方法生成雏形后，提取出特征曲线，再导入Rhino中进行曲面重建，得到软件模型。

初步设计阶段，通过对方案草模进行深化，创建约束及关联，从而建立参数化数字模型。比如通过计算机模拟软件对数字设计模型进行力学、采光等性能进行模拟分析，将抽象的环境因素转译为定量数据，建立数据与数字模型中的几何体之间的关联，从而推进建筑形态的发展；再如为保证组成建筑的构件单元能够在合理的成本和工期内在工厂中加工出来，通过在参数化建模软件平台上进行编程，对形体进行优化细分以使其满足建造要求。

在施工图阶段，会以初步设计阶段的参数化数字模型和各专业设计为基础，应用BIM软件搭建各个专业的模型，汇总到一个平台文件中；然后使用Navisworks、Navigator等软件，来检查不同专业的设计之间是否发生碰撞，并且进行施工过程模拟等。再有如利用BIM模型直接生成二维图纸用作存档和审查等工作；通过参数化软件直接导出数控设备可读的文件格式，利用数控机床进行非标准的建筑构件的加工等。我们可以用一张示意图来表示目前数字化建筑设计流程（图6-9），粉色的文本框代表过程中应用了数字建模、数控加工等数字技术，黄色的文本框则是利用二维方法绘制图纸或传统建造方法。

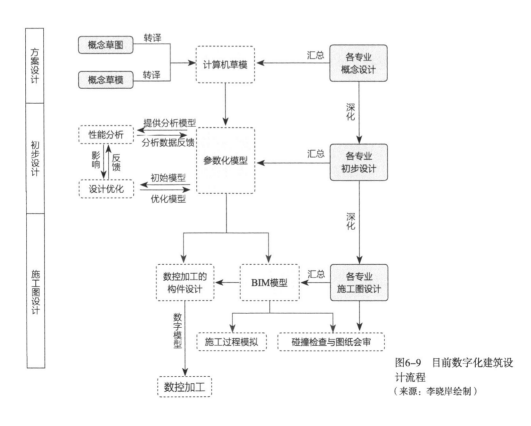

图6-9 目前数字化建筑设计流程
（来源：李晓岸绘制）

6.4.2　实际项目中参数化数字设计的建模

参数化建模是数字建筑设计中最重要的步骤，设计阶段的所有工作都是围绕着参数化数字模型进行的。参数化建模有三个核心步骤，即参数转译、建立约束和建立关联。

参数转译是将影响设计的因素转译成为计算机可读的数据或图形，输入到参数化数字模型中影响设计。参数的转译有多种方式，主要通过编程和模拟。编程转译就是使用程序语言通过算法生成图形作为建筑的雏形。比如位于德国斯图加特的Trumpf公司园区食堂的屋顶平面是利用VORONOI算法生成的，使得看似不规则的屋顶分隔有着合理的结构属性（图6-10）。模拟转译主要是通过计算模拟软件，如结构模拟软件ANSYS、环境模拟软件Ecotect等，将作为影响设计因素的物理过程（结构受力、日照等）或抽象过程（人流）的关键特性，转译成为计算机可读的数据或图形。RUR建筑事务所在迪拜设计的O14办公楼的表皮形式采用ANSYS软件进行模拟而建成，根据结构应力分析结果，对表皮开孔的位置及密度进行优化设计（图6-11）。参数转译把影响建筑的抽象因素转化为定量的数据或特定的图形，从而更加科学、理性、定量化地进行建筑方案的生成。

建立约束指建立图形与图形之间的关系。比如在建模时把墙的外表面和柱的外表面建立起约束，不论墙和柱在空间中的位置或形状高度如何变化，墙柱的外表面都是对齐的。通过建立约束，定义了参数化数字模型中建筑各个构件之间的关系，确定了不变的量，比如构件之间的相互位置保持不变，改变其中一部分构件的形状或位置，与它建立约束的构件会随之进行改变。在设计大型的复杂建筑时，建筑形态的修改是常见的事，通过建立约束可以大大降低人工修改的工作量以及错误率；同时，在同一约束关系下建筑的不同部分，可以采用程序对这些区域进行自动生成构件模型。比如UNStudio在杭州的来福士广场塔楼幕墙设计中，通过Rhinoscript进行编程建立图形间的约束，开发了通过点和控制线生成复杂的立面幕墙构件的工具，并可以直接输出每一个单元构件信息的图纸和Excel表格。这使得数量众多的幕墙单元能够迅速生成，即使形体发生修改，只要幕墙的生成逻辑不变，使用这套程序就可以由计算机自动求解，极大地降低了人工建模和修改模型的工作量（图6-12）[120]。

建立关联是指建立图形与数据之间的联系。比如BIG事务所在哈萨克斯坦设

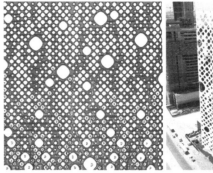

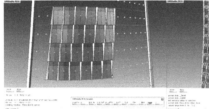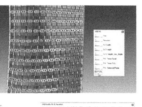

图6-10　用VORONOI算法生成的
屋顶[120]
（来源：李晓岸提供）

图6-11　迪拜O-14办公楼立面受
力分析[120]
（来源：李晓岸提供）

图6-12　来福士广场立面参数化建
模[120]
（来源：李晓岸提供）

图6-13　日照模拟与表皮开洞的
关联
（来源：李晓岸提供）

计的阿斯塔纳国家图书馆，通过建立表皮开洞大小与日照辐射量之间的关联，辐射量越高的地方开窗越小，辐射量越低的地方开窗越大，以此关联原则来设计表皮的肌理（图6-13）。另一种建立关联的方式是通过设置确定的全局参数（Global Parameters），即参数的总和是确定值，如确定建筑容积率、建筑总面积等技术经济指标，生成符合设定容积率或总面积等条件的多个方案，然后通过其他限制因素，如朝南房间最多、使用面积最大等条件，在满足全局参数条件的方案中筛选出最优解方案。

　　通过参数转译、建立约束和建立关联等步骤搭建参数化数字模型，在此之后可通过调节参数改变设计结果，这样参数化模型数据与图形、图形与图形之间是相互关联和约束的，所以当改变参数的值时，参数化模型会联动进行变化，从而实现设计优化和多方案的比选。

6.4.3 建筑性能的模拟

建筑性能模拟通常分为物理实验模拟及软件模拟两种，它是参数化设计中将抽象的环境因素转译为定量数据从而影响设计的最常用的方式，同时也为数字建筑设计的可行性方案比选和设计优化提供了一定的依据。

1. 物理实验模拟

采用物理实验进行模拟需要通过制作等比例缩放的建筑整体或局部的实体模型，对其进行物理实验，检验建筑的物理性能。常见的物理实验模拟种类有抗震实验、风洞试验、音效实验、采光实验等。物理实验模拟一般分为三个步骤，即制作等比例缩放的建筑整体或局部的实体模型，准备相应的实验器材或实验室进行模拟，对模拟数据进行后期处理。比如盖里在巴黎设计的路易斯威登基金会，在设计过程中使用了风洞实验。他们首先采用3D打印技术制作等比整体建筑模型，并在模型表面均匀设置风力传感器，然后将其放置于风洞实验台上进行风洞试验，传感器将风力影响转译成为数据传输至计算机中进行数据处理。最后由工程师对所得数据进行分析，对风力产生较大不利影响的位置进行设计修改。但为了证实结果的可靠性，常常会在软件中另做计算模拟实验，然后对比物理实验模拟，两者的结果共同作为设计深化的参考。

2. 软件计算模拟

随着计算机模拟技术不断发展，对建筑性能的计算模拟越来越多地使用在实际工程中。对建筑设计的计算模拟一般分为三个步骤，即前期准备、分析计算和后期处理。

前期准备是利用性能模拟软件进行建模及计算网格划分，建立计算模型，它是计算模拟的基础，建模及计算网格划分的质量，直接决定了之后分析计算的准确性。和一般三维建模软件相比，模拟软件的建模能力一般，特别对于形体复杂的非线性建筑，在模拟软件中进行模型搭建难度较大。通常首先采用三维建模软件进行建模，再导出模拟软件可读的格式（如3DS、OBJ等），然后在模拟软件中进行网格划分，为之后的分析计算做准备。大部分模拟软件的前处理、分析计算和后处理工作是在同一平台下完成的，如ANSYS、Ecotect等；但也有一部分软件前处理和分析计算是在不同平台下进行的，比如流体力学分析软件Fluent只能进行分析计算和后处理工作，前期准备的计算模型是在配套的Gambit软件中做好，再导入Fluent中进行分析计算以及进行数据后处理工作（图6-14）。

分析计算是在模拟软件中设置模拟条件、计算参数，然后对计算模型进行数据处理，它是计算模拟最核心的步骤。科学地设置模拟条件及计算参数是分析计算准确的关键。比如在Fluent中进行流体分析计算，首先要设置流体的材质类型（如水、空气等），选择合适的模拟计算模型（如热传导模型、湍流模型等），设置边界条件（比如风从哪个方向吹来，风速是多少等），设置计算精度及计算循环次数等，然后交给计算机进行运算。一般来说，简单的计算模拟分析，如光环境、能耗分析等，可以由建筑师直接进行，但功能性、专业性比较强的计算模拟分析，如结构分析、声环境模拟等，设置模拟条件和计算参数以及处理计算结果需要比较强的专业知识，这种情况一般由专业的工程师进行计算模拟工作。

后期处理是指利用模拟软件将计算结果以彩色等值线显示、矢量显示等图形处理方式在计算机屏幕中显示出来，或将计算结果以图表、曲线等形式显示或输出。后期处理可以将复杂抽象的数据，通过简单易懂的彩色图形表现出来，更加直观地反映出模拟结果。比如ANSYS力学分析的后期处理图，能够清晰地反映出哪些部分应力较大或变形较大（图6-15），然后工程师对这部分结构设计进行调整，使得受力更加合理。分析计算得到的结果可以输出为表格数据，各网格节点的计算数值与位置一一对应。将表格数据输入参数化设计软件中与图形相关联，可以建立起数据和图形的对应关系，从而影响设计结果。

（a）Gambit前处理界面　　　（b）Fluent分析计算界面　　　（c）Fluent后处理图像界面

图6-14　Gambit和Fluent软件模拟风环境过程
（来源：李晓岸绘制）

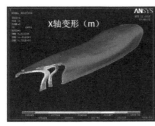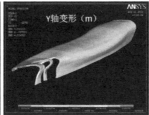

图6-15 凯迪门房设计的ANSYS结构变形分析
（来源：XWG工作室提供）

6.4.4 数字设计的优化

设计优化是数字建筑设计阶段另一重要环节。设计优化对于降低建筑建造难度，提高建造质量，控制成本及工期等方面都起着至关重要的作用。设计优化分为两个方面，一方面根据性能模拟结果对建筑的形体、功能进行优化，另一方面通过参数化编程对复杂曲面进行细分，调整曲面的造型，使得细分后的单元在满足预算、工期等要求下易于加工及施工。

1. 根据性能的设计优化

根据建筑性能而进行的设计优化是将建筑性能模拟得到的数据结果与建筑构件的形态建立关联，通过数据驱动来改变构件的形态，同时达到较优的建筑性能。

通过编写程序对参数化建模软件进行二次开发，可以实现参数化建模软件与建筑性能模拟软件模型同步更新。在建模软件中更改模型，不需要再进行导出导入工作，只需点击更新命令，模拟软件中的模型就会进行更新，然后进行分析计算。分析计算完成后，由模拟软件后处理功能产生的彩色等值线等图形，可以直接反馈到建模软件中进行显示，使得设计师能更加直观地在建模软件的原模型中观察模拟结果。比如GH的插件Geco，就可以将Rhino中的建筑模型与Ecotect模拟软件进行实时链接，达到前述结果。如今，通过软件的二次开发，许多建模软件都已经有配套的模拟插件，进行光环境、风环境等模拟分析工作，当模拟精度要求不需要特别高的时候，这些小的模拟插件已基本可以满足要求，不需要再使用专业的模拟软件。比如GH的插件Ladybug可以实现日照模拟以及将天气数据制作成可视化图表，Honeybee插件可以实现室内光环境模拟和能耗模拟（图6-16）。建模软件内的模拟插件运算更加快捷，数据链接和形体关联更加方便。

传统设计及性能模拟方式中，通常先由人工建立多个方案，再通过性能模拟

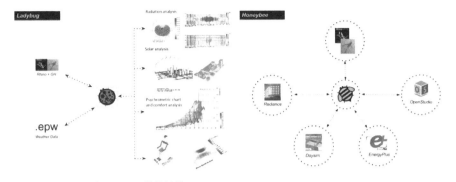

图6-16 Ladybug和Honeybee模拟插件
（来源：http://www.grasshopper3d.com/group/ladybug）

选出这些方案中的最优的方案，这种方法可能漏掉最优解方案。但若采用参数化设计方法与遗传算法（Genetic Algorithm）相结合，可以由计算机直接求出最优解，如日照时间最长的解、平均风速最小的解等，比如利用GH中的Galapagos遗传算法插件，将建筑立面的日照辐射量与遮阳板出挑长度相关联就可得到最优解。具体做法可以通过Geco插件将Rhino中的模型与Ecotect日照模拟计算链接起来，在Rhino中生成一组模型，Ecotect中就会对这组模型进行日照辐射量的计算，将控制遮阳板形态的数据参数以及日照模拟结果链接到Galapagos插件，通过遗传计算可以自动生成多个方案，并找到最优的一组解决方案（图6-17）[121]。

2. 面向建造的设计优化

面向建造的设计优化是指在满足给定的预算、工期等要求下，以简便且高质量地进行建造为目的的设计优化。它包括材料工艺的选择、形体优化设计、构件优化设计、连接节点优化设计、转角优化设计、细部优化设计等方面，是降低建筑建造成本、缩短建造工期、提高建造精度的重要环节。

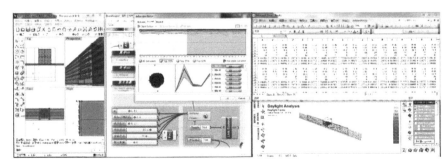

图6-17 用Galapagos遗传算法插件优化设计[121]
（来源：李晓岸提供）

一般建筑体量庞大，需要将其分成小的构件单元，然后组合拼装而成，材料和建造工艺所能加工的尺寸大小，直接影响到细分的过程。比如福斯特在伦敦设计的大英博物馆中庭屋顶由三角形网格的钢网架作为主结构，上层连接对应网格形状的三角形玻璃单元作为屋面层，每个三角形玻璃单元由两层玻璃组成，下层为钢化安全玻璃，上层为镀膜玻璃以减少中庭内的太阳辐射，因为镀膜的步骤要求玻璃的最大尺寸为2.05m，这直接决定了屋顶的三角形网格划分的尺寸[122]。

面向建造的设计优化要求设计师在设计阶段就提前与加工方、施工方进行交流，了解可能用到的材料及工艺的信息，选择合适的材料和工艺方法，并以此为根据进行形体及构件的优化工作，这样也为编制施工组织方案奠定基础。一般建筑的建造工艺比较成熟，建筑的设计和建造相对比较独立，只需要设计方提供规范规定的各专业图纸，建造方按图施工，在关键时间节点设计方进行验收即可；但对于建筑形体复杂的项目，设计和建造的关系需要更紧密的结合才能保证建筑质量，特别在传统的加工和施工方法不能满足设计要求时，需要设计师与加工方、施工方一起根据现有的技术工艺进行改进，研究针对该项目可行的创新工艺。这些工作都需要在数字模型中完成，它们都是数字建筑设计的重要内容。

6.5　参数化数字建筑方案设计

在参数化数字建筑方案设计中，我们把影响设计的主要因素看成参变量，也就是把设计要求看成参数，并首先找到某些重要的设计要求作为参数，然后通过某种或几种规则系统（即算法）作为指令，来构筑参数关系，并用计算机语言描述参数关系形成软件参数模型，当在计算机语言环境中输入参变量数据信息，同时执行算法指令时，就可实现生形目标，得到建筑方案雏形。

软件参数模型给建筑设计带来了灵活性，可以满足设计过程生命有机特性及动态连续复杂性的要求，当参变量的大小值改变的时候，可以在已有参数模型上，改变输入信息得到新的结果，这样，设计结果变得可控。另一方面，影响建筑设计的因素除了主要的因素外还有其他因素，当通过软件参数模型得到设计的雏形后，可以根据其他因素的影响，进一步调整雏形，得到更高程度上满足设计要求的设计结果。

与人工操作的设计过程相比，计算机参数化设计实际上提供了一个抽象的造型机器，它可以让设计过程反反复复不断反馈，可以输入不同条件得到多个结果，可以对设计结果进行多次修正，这是人工操作做不到的。参数化设计过程中的规则系统及描述规则的语言、软件参数模型、参变量，以及生成的形体都是显形可见的，与建筑师传统的设计过程相比，再也不是人脑黑箱生形的不可见过程，相反，它是逻辑化可控的科学设计过程。

6.5.1 参数化数字建筑方案设计过程

参数化数字设计方法可以用在各个不同的方面，但把它用在设计方案的生成上是我们最感兴趣的内容。就像一般建筑设计方案的设计过程一样，设计过程的关键环节将决定设计结果的合理性及设计质量，同样运用参数化数字设计方法进行设计方案生成过程的关键环节也是至关重要的，其过程的关键环节包括以下6个方面。

1. 设计要求信息的数据化

设计要求是设计的起点，包含了人的活动行为对建筑的要求，以及周边环境对设计的要求。对场地进行直观调查可有助于我们准确了解周边环境特征，而对未来建筑使用者进行访谈，观察相似功能建筑中使用者的活动行为等方法可获得更可靠的设计信息；但对于参数化设计来说，对周边环境特征及人的活动行为的数字化描述是最为关键的工作，因为这些数字化的信息将是建筑形态生成的基础。

2. 设计参数关系的建立

建筑设计是一复杂系统，影响设计的因素众多，在参数化数字设计时，往往首先找到影响设计的某些主要因素表现出来的行为或现象，并用某种关系或规则来模拟这些行为或现象的特征，比如中国城市规划展览馆建筑中，往往以城市总体模型为中心，参观者通常首先环绕总体模型参观，之后再参观周边的其他展厅，这一像面包圈一样的人流参观动线可以被看成影响设计的主要因素，这里，面包圈可以作为设计的基本关系，而中心模型的尺寸，建筑空间的高低，人流量的大小，周边展厅的数量及大小等可被看成决定面包圈这一关系的参数。当我们有了这些认识，我们就有了基本的设计参数关系。

3. 软件参数模型的建立

当有了基本的设计参数关系，我们还要找到某种规则系统（即算法）来构筑参数关系以便生成形体，并用计算机语言描述规则系统，形成软件参数模型。软件参数模型的建立可通过不同的途径，比如，使用已有软件菜单，如Rhino软件里的放样操作；也可使用已有的参数化设计软件，如DP、GC、Grasshopper 等建立形态参数模型；或利用已有软件的脚本语言的描述，如MAYA里的MEL语言或Rhino里的RhinoScripting等；当然我们也可在操作系统平台上编写程序描述规则系统，形成软件参数模型。当我们给软件参数模型各变量输入一定值的时候，就得到设计雏形，当改变输入值时，可得到新的设计雏形。

4. 设计雏形的进化

从设计要求的某些主要因素得到的设计雏形一般只解决了建筑设计这一复杂系统的主要矛盾，许多其他因素也应该对设计结果产生作用，以便最终设计成果能最大程度地满足使用者活动行为的要求，并与环境相适应。这样，设计雏形还需在其他因素的作用下进化，正因为设计雏形是在参数化软件条件下的图形，所以它可以接受其他的指令操作，从而发生形态优化变形并发展到令人满意的设计结果。

5. 最终设计形体的参数化结构系统及构造逻辑

建筑设计这一复杂系统的各种因素的综合作用，通常导致最终设计形体是一不规则的非线性体，仅仅满足于此是不够的，因为这一非线性形体如果没有结构系统及构造逻辑的支持是没有说服力的，也就是说设计还没完成。进一步考虑设计的基本结构系统及构造逻辑可以打开通向该建筑的构件加工及实际建造的通道。参数化的设计对确立建筑形体的结构系统及构造逻辑十分有利，我们可以研究计算机软件生成非线性形体时的内在逻辑，显示这一建构逻辑并可把它用来作为实际建造的基本结构系统；我们也可以在软件内根据形体的应力分布进行分块并研究单元体之间的连接构造，以这种方法作为基本结构系统；构造逻辑是指在大的结构系统下，有限尺寸的材料块如何被连接到一起，联系的关系应该与结构逻辑具有连续性。

6. 设计成果的测试与反馈

参数化设计过程的终极目标是要获得最高程度满足使用要求的设计结果，尽管设计过程的逻辑性在很大程度上保证了这一点，但是，设计结果究竟是否满足要求仍需进行测试，这是必要的环节。目前我们还只能依靠有限的手段对结果进行检测，如借用Ecotect、Dest等软件或自编程序测试设计结果，并把测试的结果借助参数化平台反馈到设计的各个环节，同时调整各个环节使设计结果更趋完善。

从以上讨论我们也可看出参数化设计过程具有几种特点：①参数化设计过程的起点在于对人及环境的尊重；②设计策略在于通过判断和取舍对过程的控制决定设计结果；③设计过程遵循前后连续的因果逻辑关系，以获得与设计起点相对应的设计结果；④结构系统及构造逻辑的研究保证了设计结果的可实施性。

6.5.2 参数化数字建筑方案设计举例

1. 地铁触媒

该设计项目位于北京海淀区清华园外五道口，由于五道口城铁出入口不明显，并且人流出入影响主干道交通，故决定进行改造，要建设的信息中心用地紧邻五道口城铁站西侧。

在设计过程中，首先通过现场调查观察发现，进出站人流有几种较明确的路径及目标，其中影响建筑设计的西侧人流特点可归纳为，进出站之前或之后部分人流在车站附近稍作休息或等人、径直向西离开车站去往清华科技园、向西通过斑马线过马路去往华清嘉园住宅区、向西北过马路去往西北侧建筑。根据调研结果，确定人流向西的路径是影响设计的主要因素，决定通过模拟这一人流路径来建立设计的参数关系。同样根据调研统计的资料，建立网络并分出人流运动的初始域及目标域，并决定用Dijkstra算法优选人流最优路径，然后通过JAVA语言编写程序进行计算，得到优化的向西人流路径的曲线。

设计建模的过程包括了：①通过网络之间的拓扑关系来寻求最优路径［图6-18（a）］；②将地段的架空层与地面层分别按照调研结果的初始域与目标域进行计算分析并输出点云［图6-18（b）］；③将点云数据导入Rhino，随机简化可以运算的点云数量，用$z=k\cdot\ln(5x+1)$函数将平面曲线生成高度［图6-18（c）］；④点云按照自身编码连接生成曲线段，并对拼合的曲线进行Rebuid生成线簇，这样便得到了可编辑的建筑设计的雏形［图6-18（d）］。

在此基础上，再考虑其他因素如视线、景观、绿化等，进化雏形得到建筑形体，并用TSpline在形体表面生成表面网格发展出最终设计［图6-18（e）］。接着对其进行结构系统研究以便进行结构计算［图6-18（f）］。

（a）寻找最优路径

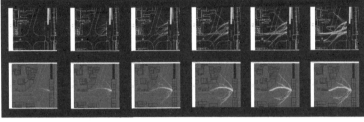

（b）计算分析输出点云

（c）点云导入Rhino简化
并生成高度

（d）可编辑的设计雏形

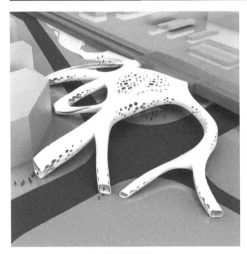

（e）最终设计

（f）结构系统研究

图6-18　地铁触媒设计
（来源：作者教学studio学生作品）

2. Elechitecture

该设计项目位于北京海淀区清华大学校园外的东南角。用地形状是一个三角形，要在这一地段上建设一个小型展示中心。

在设计过程中，首先对地段进行踏勘，找到进入这个地段的最优入口位置［图6-19（a）］，同时对该建筑的观展活动进行分析，并确定"从建筑入口点到达建筑室内的产品展示点"这一个动态行为是影响这一建筑设计的主要因素，并决定以此作为建立参数模型的基本参数关系。

该设计以电场线及等势线作为生形算法，借用了Rhino的插件Electric Field生成电场线来建立建筑雏形［图6-19（b）］。具体做法为，以进入建筑的几个入口点作为正电荷点，并以若干室内展示点作为负电荷点，之后用EF插件进行形式生成，从而得到建筑设计的基本形体［图6-19（c）］；其后再用Mataball生成等势线，作为建筑空间的轮廓、台阶、平台等［图6-19（d）］。之后，进一步考虑采光通风、建筑高度的可用性等因素，对建筑雏形进行推敲发展，得到设计方案；并进而进行建筑空间、结构系统及表面材料的研究［图6-19（e）］，最终完成项目设计［图6-19（f）］。

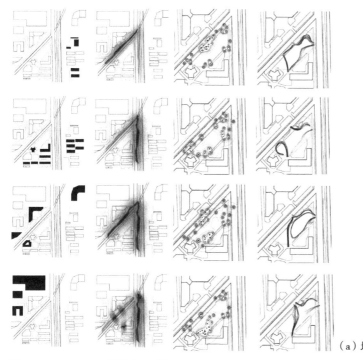

（a）地段研究

图6-19　Elechitecture设计（一）[165]
（来源：作者教学studio学生作品）

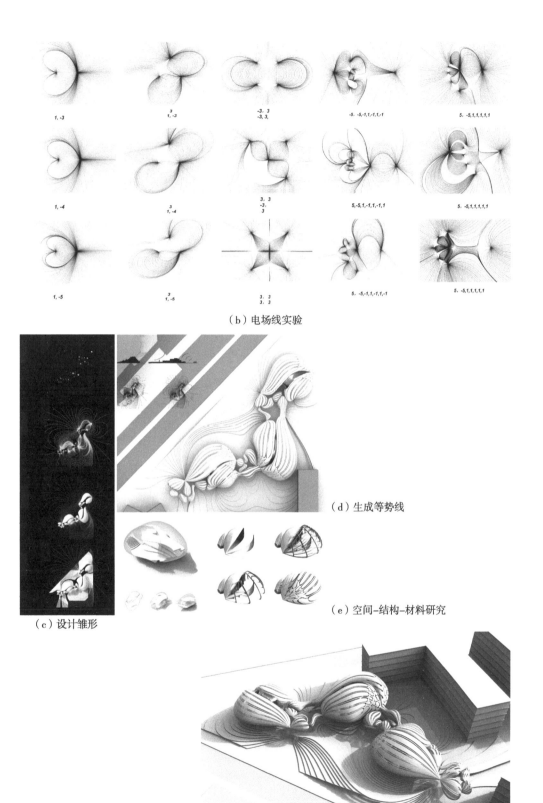

$1, -3$ 　 $\begin{smallmatrix}3\\1, -3\end{smallmatrix}$ 　 $\begin{smallmatrix}-3, &3\\-3, &3,\end{smallmatrix}$ 　 $-5, -1,1,-1,1,-1$ 　 $5, -5,1,1,1,1$

$1, -4$ 　 $\begin{smallmatrix}3\\1, -4\end{smallmatrix}$ 　 $\begin{smallmatrix}-3,\\-3,\\3\end{smallmatrix}$ 　 $5,-5,1,-1,1,-1,1$ 　 $5, -5,1,1,1,1,1$

$1, -5$ 　 $\begin{smallmatrix}3\\1, -5\end{smallmatrix}$ 　 $\begin{smallmatrix}3, &3\\3, &3\end{smallmatrix}$ 　 $5, -5,-1,1,-1,1,-1$ 　 $5, -5,1,1,1,1,1$

（b）电场线实验

（c）设计雏形

（d）生成等势线

（e）空间–结构–材料研究

图6–19　Elechitecture设计（二）[165]
（来源：作者教学studio学生作品）

（f）最终设计

第 7 章
数字建构思想与手法

7.1　数字建构与建构理论

7.1.1　传统的"建构理论"

19世纪中叶森佩尔（Gottfried Semper，德国建筑师）认为编织的"挂毯"是人类最早用于围合（Enclosure）空间或分隔空间的物件，这是因为编织及结绳工艺是人类最早掌握的手工技能，而挂毯在之后出现墙体时，仍然"被当成真实的墙体，那些隐藏在毯子后面的坚固墙体并非创造和分隔空间的手段，而是出于维护安全、承受荷载及保持自身持久性等目的而存在的"，可见挂毯作为围合空间的表皮是完全与结构墙体分离的；甚至到了希腊的石砌神庙，石材外表也有一层打底的灰泥涂层，其表面再有色彩饰面，这些色彩饰面隐喻了挂毯的原本意义，它作为表皮仍然区别于承重的石墙[123]；19世纪与20世纪之交，路斯（Adolf Loos，奥地利建筑师及建筑理论家）继承了森佩尔的思想，强调饰面的材料应该忠实于自身的特性而得到表现，唯独不能模仿被覆盖在其底下的材料的质感，并呼吁这应成为饰面的原则，仍可见，作为饰面的表皮是有别于其后面的墙体的[124]；20世纪60年代，赛克勒（Eduard F. Sekler，美国建筑师）则把注意力转向形式表象与结构、建造的关系上，他认为结构是建筑建立秩序的最基本原则，建造是对这一基本原则的特定的物质上的显示，而结构及建造的表现性形式可称作"建构"，即建筑的最终形式应该表现其结构逻辑及材料的构造逻辑[125]；当然，在赛克勒的时代，建筑的受力结构已不再是森佩尔时代的墙体，新的钢筋混凝土结构体系及钢结构体系使得结构构件、维护墙体、饰面表皮进一步分离，赛克勒的建构思想正是试图把这种建筑部件的分离统一在具有理性逻辑的设计哲学体系中；然而，事实上，之后的建筑发展在后现代文化及哲学影响下，这种建筑部件之间的分离越发不可收拾，20世纪末的西方建筑界，商业化、形式化设计猖獗，建筑文化走向庸俗的境地；这时，弗兰普顿（Kenneth Frampton，美国建筑理论家）继承了赛克勒的建构学说，以建构的视野和历史研究的方式重新审视了"现代建筑演变中建构的观念"，以及"现代形式的发展中结构和建造的作用"，并重提建构文化精神，试图以它作为思想武器，抵抗建筑设计的形式主义倾向[126]；弗兰普顿的学说影响至深乃至影响到中国建筑界，确实，对于建筑设计回归到建筑本身、再现建筑的本质审美价值起到一定作用。建构理论（Tectonics）世纪之交的几年也曾作为武器帮助中国青年建筑师冲破了西方建筑文化及中国传统建筑文化的双重束缚，使建筑设计从作为意识形态的工具还原到作为解决基本建造问题的过程，建筑设计真正具有了纯粹的职业性特性。但是，按照建构理论，无论西方建筑师还是中国青年建筑师，他们只能在人类已掌握的结构体系以及材料构造技术条件下表现最终形式，他们只能屈从于结构及材料、被动地表现形式，因而，尽管最终形式具有自然美的特征，但是，最终形式是有限的、简单的、刻板的。

7.1.2　数字建构的定义

传统的建构理论在基本建造层面，提倡和推崇了建筑的形式应该表现结构逻辑及材料的构造关系，但在基本建造层面之上，还存在着建筑学的设计层面，随着人类社会生活的日益多功能及复杂化，没有建筑设计便不可能进行建造。

"数字建构"首先把传统的建构思想拓展到建筑学的设计层面，提倡建筑设计的形式应该最高程度地表现人类活动的要求以及环境条件的影响，这两者是设计形式的来源；同时，建筑的建造形式应该最高程度地表现建筑结构逻辑及材料构造关系；再者，数字建构由于在设计文本与建造信息之间使用前后连续的数据流，因而，计算生形的基本几何逻辑将会成为建造形式的基本结构系统，这样保证了设计生成与数字建造的统一性。

因此，"数字建构"具有明确的两层含义：使用数字技术在电脑中生成建筑形体，以及借助于数控设备进行建筑构件的生产及建筑的建造。前者的关键词是建筑设计的"数字生成"，其结果应该最高程度地反映人类生活行为及场所环境条件，而后者的关键词是建筑物的"数字建造"，最终建造形式应该最高程度地表现建筑的结构逻辑及材料的构造关系。这两层含义也可用"非物质性和物质性"来阐述，在计算机中生成设计属于数字技术的非物质性的使用，而在实际中构件的生产及建筑的建造则是数字技术的物质性使用。

数字建构具有如下特点：①建筑设计形体最大程度地反映了使用者生活要求及人类行为特征；②建造形式充分表现自身结构逻辑及材料构造关系；③以计算生成形体的几何逻辑关系作为建筑结构及材料构造的基础；④无论建筑设计还是材料加工以及建筑物建造均依靠软件技术及数控设备。

7.2 数字设计与数字建造

7.2.1 理想居所形态

从迄今为止发现的原始人类聚居地遗址来看，无论是法国靠近尼斯的泰拉阿马塔的旧石器时代遗址，德国北部的阿伦斯堡—荷尔斯泰因的旧石器时代人类冬季及夏季住地遗址[127]，还是中国北京周口店"北京人"遗址，这些遗址的形状都是不带棱角的向心性形状，考古学家经过推断赋予这些遗址的上部形体也几乎都是不规则的连续形状，这种形状是原始人类以"火"为中心的生活行为要求的结果；同时它也最本能地反映了人类对居所的最理想的形态的企求。但是，从人类发展历史来看，生产力的发展水平远远低于人类对理想居所形态的不断发展的要求，居所的形状只能屈从于生产力水平的限制，通常被建成在相应技术条件下可能的形状，比如，屋顶做成僵硬的坡顶，或者做成为了排水而带缓坡的平顶，墙体做成垂直的并带有转角的围护墙。实际上，人类从本能上试图避开这些生硬的形式带来的侵犯性，比如中国风水理念就讲究避开屋脊或横梁而睡，室内避免出现墙体阳角等，这是因为人类长期面对这些突兀的形状，身体及心理健康会受到严重损害。

人类无时不在寻求与生活行为及环境条件相适应的理想居所形态，就像原始人类居所那样。今天信息技术的发展不仅可以为居所找到符合人类动态活动规律并同时满足环境条件要求的理想形体，并且，可以实现这些理想形体。显而易见，这些理想形体的特点是由错综复杂的人类动态活动行为所决定的，同时受制于多种环境因素的限制，因而，它们必然也是复杂的、不规则的。

建筑历史上也曾有许多建筑师设计过类似形体的建筑，如西班牙建筑师安东尼·高迪为了表现贵族所需要的荣耀，从恩斯特·海克尔关于自然界动植物形态方面的论述中找到生物形态作为建筑的形体[128]；高迪的追随者如日本建筑师村野藤吾所设计的表现人性美感的柔软曲面形体建筑；再如美国建筑师布鲁斯·高夫追求变形几何学及雕塑性的连续外观和内部空间的有机建筑形象[129]；以及高夫的学生如巴特·普林斯以动物有机形体为原型创作的建筑作品等[130]。这些作品都具有连续的形体外观及内部空间、不规则而流动的复杂造型。然而，这些形体的建造过程步履艰难，高迪当时亲临施工现场凭借直觉指挥工人施工，村野则制作足尺模型让工人模仿实物模型施工。这些建筑无论设计还是施工没有准确性可言，更像做一件手工艺品，处处带有即时的人工痕迹。如果用数字设计及数字建造的方法进行上述不规则形体的设计与建造，设计过程及设计结果将大大改变。

7.2.2 数字设计的形态建模技术

如第3章3.4.1节所述，计算机图形学的发展是数字设计的基本前提，数字设计的形态建模依靠图形学研究的数字建模技巧；计算机软硬件技术的不断进步，使得它能够更加高效快速地处理复杂的图形及数据问题，从而满足建筑设计对不同形体的创建要求。

数字设计的本质在于按照使用要求建构形态，而形态的获得要依靠数字建模技术。在数字建模方法中，有三种描述物体的三维模型，即线框模型（Wireframe Model）、表面模型（Surface Model）及实体模型（Solid Model）（图7–1）。20世纪60年代，建模方法主要为线框模型，它的数据结构和生形算法简单，只要表达点和线的空间几何关系，同时它对计算机硬件要求低，运算速度快，可生成工程视图；70年代初期开始了表面建模技术的尝试并探索复杂形体的设计和制造，表面模型是通过描述组成实体的各个表面或曲面来构造三维形体模型，它描述物体有两种渠道，一是基于线框模型的表面模型，另一种是基于曲线曲面描述法构成曲面模型，曲面建模可产生真实感的物体图像，但物体表面边界不存在联系，因而无法区分物体内外从而不可分析计算；70年代后期发展了实体模型，直至今日它仍然是主要的建模方式，它可以更完整地表达几何体的关系，如内外、体积、重心等。80年代末出现了非均匀有理B样条（NURBS）曲线曲面建模方法，这一方法能够精确表示二

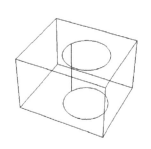  

图7–1　线框建模、曲面建模与实体建模
（来源：王凤涛绘制）

次曲线曲面，随后产品设计的建模大都采用NURBS方法，国际标准化组织也已将它作为定义产品形状的唯一数学方法；20世纪90年代，基于约束的参数化、变量化建模技术，以及支持线框模型、曲面模型、实体模型统一表示的不规则形体建模技术已经成为几何形体建模技术的主流。90年代以来，这些建模技术也从工业设计领域引入建筑设计领域，并成为当前数字设计以及数字建造文件的表达基础。

以上无论哪种建模技术都可称作几何形体建模，它包含有两个基本内容，即几何信息和拓扑关系。几何信息是指坐标系中的大小、位置以及形状信息，包括最基本的几何元素，即面、边和顶点的位置坐标、长度和面积等；拓扑关系是指构成几何实体的几何元素的数目和连接关系，即点、线、面之间的包含性和相邻性。在计算机中定义几何形体除了几何信息及拓扑关系之外，还有几何形体的非几何属性信息，包括物理属性和工艺属性等。

实体模型建模的方法是最常用的建筑设计形体建模方法，由于实体模型可进行剖切和布尔运算（即取并集、交集、差集等），实体建模可协助建筑师进行造型方案的推敲。实体模型建模有许多方法，但可归纳为三种主要的表示方法，即分解表示法、边界表示法（Boundary Representation，B-rep）、构造表示法（Constructive Solid Geometry，CSG）。

分解表示法是按某种规则把形体分解为更易于描述的小的体块，每一小的体块又可分为更小的体块，这种分解过程直至每一小体块都能直接描述为止。

边界表示法是按照形体的"体-面-环-边-点"的层次，详细记录构成形体的所有这些几何元素的几何信息及其相互连接的拓扑关系，实体的边界通常是由面的并集来表示，而每个面又由它所在曲面的定义加上它的边界来表示，面的边界是边的并集，边的边界是点的子集。

构造表示法是按照形体的生成过程来定义形体的方法，

它包括扫描表示法、构造实体几何表示法、特征表示法。扫描表示法是基于一个基体并沿某一路径运动而生成形体，它需要两个分量，即运动的基体以及基体运动的路径，如果是变截面的扫描，还要给出截面的变化规律。构造实体几何表示法是通过对组成形体的元素进行定义及运算而得到新的形体的一种表示方法，组成形体的元素可以是圆柱、圆锥、球体等，其运算可以是几何变换或者是"并、角、差"等集合运算。特征表示法是针对具有特定功能要求的产品进行产品形体建模的一种模型创建方法，它首先抓住产品形态的特征，但还是通过上述几何形体建模的方法来实现该产品形体的建模，不同领域的产品，具有不同的模型特征，比如建筑设计的形体就有别于一般日常生活用品的形体特征，后者关注产品形体如何满足使用要求、符合人体工学特性、生产加工工艺，而前者关注形体满足人的活动及行为要求、与环境的协调关系、结构的安全可行、建造的可能性及经济性等[131]。

参数化建模和变量化建模其实就是属于特征建模表示方法，在模型的创建过程中，常常把产品特征的形状用若干参数来定义，并在具体的产品设计过程中确定参数的值，从而形成特定的产品设计。参数化设计是指设计模型在保持拓扑关系不变的基础上，利用参数去约束形体及尺寸，这里的约束是指各个几何元素之间的关系，比如平行、垂直、共线等，可分为全约束、半约束以及过约束三种情形，由于数据相关且模型关联，因而自动生成的二维或三维模型都是智能双向关联的。变量化设计是指在形体建模时，动态地编辑并识别约束，在新的约束条件下能够求得特征点、形成新的图形。参数化设计与变量化设计不同，前者在设计全过程中将形状和尺寸联合考虑，而后者则分开考虑；参数化技术表现为尺寸驱动（Dimension-driven）的几何形状修改，而变量化设计则不仅可以做到尺寸驱动也可实现约束驱动（Constrain-driven），即由工程关系来驱动几何形状变化，这一过程更有利于产品结构优化。

7.2.3　数字建造的途径举例

用于工业产品制造的计算机数字控制工具也可用于建筑的数字建造。数控设备已在一定程度上被建筑行业所使用，它以计算机程序把指令集合在一起，并以指令的方式驱动机器实现加工过程的各种操作和运动，它可以对金属、木材、工程塑料、泡沫聚苯等天然材料或人工合成材料进行切割、打磨、铣销等加工，并最终制造出各种形体的建筑构件。数控机床是一种去除成型的加工设备，即从毛坯中除掉多余的部分，留下需要的造型；与此相反，另一种数控加工技术以添加成型的方式工作，即通过逐步连接原材料颗粒或层料等，或通过流体在指定位置凝固定型，逐层生成造型的断面切片，叠合而成所需要的形体，这一技术也称作"快速原型技术"，如熔融沉积制模法、立体印刷成型法、选域激光烧结法，即我们熟悉的三维打印方法。这些数控技术由于通过计算机软件操控加工设备，可将设计与加工联成一体，在不同条件下可处理不同问题，满足不同的需要，从而可以生产各种具有个性的产品。

以弗兰克·盖里设计的德国杜塞尔多夫新昭豪夫综合大楼为例，可以看出复杂建筑形体数控加工的一般方法[132]。2.8万m²的B幢取了裙摆舞动的外立面形式，为了实现这一曲面造型，先在计算机内将三维模型沿每层等距离截取四个剖面，将墙体分成355块，制成混凝土大板，然后，运至现场装配。其施工工序可归纳为：①用数控铣床切割、打磨聚苯乙烯制成墙体大板模板；②在模板中放置捆扎钢筋并浇筑混凝土成型；③运至现场拼装；④根据设计厚度，贴上保温材料；⑤安装厚度为0.4mm的不锈钢表皮完成立面装饰。作为数字化建造的最早尝试，该项目实现了许多创造性的曲面建造方法，解决了混凝土曲面体的制造、现场空间定位等技术难题（图7-2）。

图7-2 盖里的新昭豪夫综合大楼的数控加工过程[26]

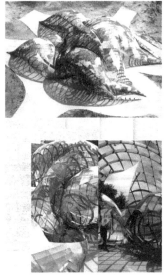

图7-3 NOX 的音乐装置[26]

图7-4 Nio的霍夫多尔普汽车站加工过程[26]

荷兰建筑师NOX设计的音效房屋在设计方法上与盖里的设计途径没有什么不同，但它的建造途径是先在计算机模型上找到结构肋骨系统，并通过计算决定肋骨尺寸，然后，在肋骨上蒙上金属织网；肋骨及织网均采用了不锈钢材料。肋骨的加工方法是把组成结构系统的全部肋骨先从模型中分形出来，并排布在21块矩形不锈钢板上（钢板规格6m×2m×0.01m），用数控机床进行切割、编号，并运到现场拼装；为了施工方便，设计者做了一个模型及一个写明做法的小册子，让施工队参照册子及模型施工（图7-3）[15]。

由荷兰建筑师Nio设计的霍夫多尔普汽车站的建造直接由数控机床加工建筑部件并现场拼装而成。其建造流程可分为：①在计算机上将建筑整体分成大约5m×2m×2m的若干组件块；②将组件块三维模型与操控机床的软件对接，输入控制机床的计算机；③在工厂由一台五轴数控机床加工组件，使用材料为高强聚苯乙烯；④聚苯乙烯组件表皮涂刷聚酯涂层作保护层；⑤将组件运输到现场进行组装成型。这一建筑是世界上最早的合成材料建筑，其建造方法展示了运用数控加工途径进行非线性体加工的可能性及巨大潜力（图7-4）[15]。

7.3　虚拟设计与物质建造的连续性

7.3.1　连接虚拟设计与物质建造的技术基础

计算机辅助设计（Computer Aided Design，CAD）、计算机辅助工程（Computer Aided Engineering，CAE）、计算机辅助制造（Computer Aided Manufacturing，CAM），以及建筑信息模型（Building Information Modeling，BIM）这四种技术的产生及发展，是建筑数字建构的技术基础。建筑的虚拟设计与实际物质建造依靠这些核心技术相互连接起来。在设计阶段，通过计算机辅助设计（CAD）进行建筑的设计；同时运用计算机辅助工程（CAE）进行实际模拟及计算等工作；在加工和施工阶段，则利用计算机辅助制造（CAM）将复杂的建筑设计形体由数字模型变为真材实料的建筑构件或建筑实物；建筑信息模型则是集CAD、CAE与CAM一体的计算机集成制造系统（Computer Integrated Manufacturing System），用它的目的在于实现建筑从无到有、全生命周期的建设与管理（Building Lifecycle Management），包括对项目策划、规划、设计、施工、维护等各个阶段的信息进行整合、优化、传递和管理。

1. 计算机辅助设计CAD与计算机辅助制造CAM

CAD是以计算机图形软件作为主要手段来辅助设计者完成设计的分析、建模、修改、优化，并输出信息等综合性任务，包括设计的形体造型、模型的优化、综合评价以及信息交换等主要内容，其中形体造型也就是图形建模及表达，它是最核心的工作；顾名思义，在最初它是辅助设计的，是作为设计工具而出现的，但随着参数化设计方法的运用，由于形体建模基于某种关系约束，设计形体随参数的输入变化而自动发生变化，事实上它已逐渐超越辅助的作用，上升到具有一定自动性能的生成功能，因而，CAD虽仍然称为CAD，但A这一字母已从辅助（Aided）变化为自动（Auto）。CAM是依靠计算机软件系统控制的数控机床和数控设备来完成产品的加工、装配、检测等工作，它可对制造生产的规划、执行、管理和调控起到辅助作用；但像CAD一样，辅助制造（CAM）也正在向着自动制造的方向发展。

CAD与CAM这两个独立技术的有机结合形成了系统性的产品生产产业链，用统一的设计及控制信息来组织产业链上的各个环节，通过信息的创造、信息的传递、信息的提取、信息的优化、信息的处理及信息的协同等工作，物质的生产产业链将可协调运行并产出所需要的产品。对于建筑的设计与建造过程也一样，CAD与CAM相结合所产生的建筑信息流也可控制建筑的物质建设全过程。因此，CAD与CAM的集成化融合了设计与制造，实现了生产的一体化。毋庸置疑，这一综合技术不仅提高了设计效率和物质生产能力，同时使得越来越多的复杂建筑构件及建筑实物得以实际建造。

"镂空装饰墙体"是一个运用CAD与CAM集成技术进行设计加工的典型案例。首先设计者在图形软件中建立线框模型，即三个等腰三角形，把它们复制并提高高度进行旋转，再将上部的三角形与下部的三角形进行曲线连接形成单元体；之后将线框模型变换成实体模型，并将同一单元进行叠拼、建成空花墙体模型，完成墙体的设计建模；在此基础上，将设计信息按某种格式传输到数控机床控制端，机床操作系统根据设计指令，运动机床前端作用于材料，进行去除加工，从而加工出墙体的单元体；最后将单元体进行组装、建成镂空装饰墙体。这是一个完整的计算机辅助设计及计算机辅助加工的集成工作过程，我们可清楚看到数字技术运用于生产加工的技术路线（图7-5）。

2. 建筑信息模型

（1）BIM的概念

建筑信息模型BIM是指三维建模、自动生成图纸、智能参数化组件、关联数据库施工进度模拟等特征集于一体的设计管理技术方法。"BIM之父"伊斯特曼教授于1974年9月进行了

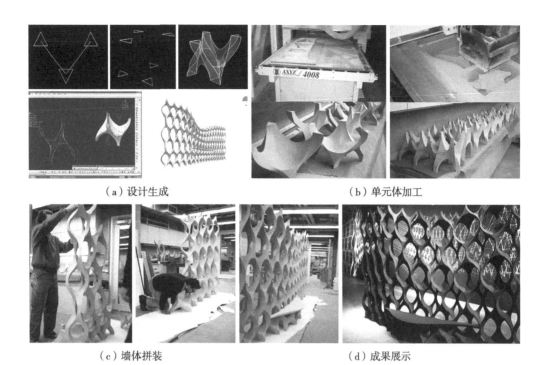

（a）设计生成   （b）单元体加工

（c）墙体拼装   （d）成果展示

图7-5 镂空装饰墙体
（来源：http://storefrontnews.org 及 http://en.wikipedia.org/wiki/Joe_MacDonald_carchitect）

题为"An Outline of the Building Description System"[133]的研究报告，随后将主要内容发表在AIA Journal杂志的1975年3月刊上题为"The Use of Computers Instead of Drawings in Building Design"[134]的文章中。文章涵盖了如今BIM的大部分内容，包括应用计算机将建筑中的墙板梁等三维构件元素安排在空间中；设计中的元素有明确的定义且相互作用；平立剖等二维图纸是由同一个三维模型生成的；设计中的任何改变，在图形上同时进行更新；计算机提供一个集成数据库进行制图、碰撞检查、量化分析等工作；可以基于这个数据库进行项目进度控制和材料采购等。伊斯特曼教授阐述的建筑描述系统（Building Description System）是如今BIM的雏形。

经历了20多年发展，BIM的概念历经了建筑产品模型（Building Product Model）、产品信息模型（Product Information Model）、建筑建模（Building Modeling）等称谓。2002年欧特克（Autodesk）公司提出，并由美国建筑师杰里·莱瑟琳（J. Laiserin）推广，把它发展成为如今广为人知的建筑信息模型BIM（Building Information Modeling）理论[135]。

如今世界上公认的BIM的定义由美国国家建筑信息模型委员会（NBIMS）提

出，主要包含三方面内容：①BIM是用来创造和综合管理建筑信息的智能化数据库或产品；②它综合了自动生成、商业运营、可共享信息的协同化过程；③它是用于处理贯穿整个建筑项目全生命周期的可重复使用、可检验、透明的、可持续的信息交换及工作流程的管理工具[136]。

从NBIMS的定义来看，BIM的概念有三个关键词，即数据库、过程及工具，因而可以将BIM理解成是一种集多项特征于一体的创新性方法。我们一般把基于BIM方法在计算机软件中搭建的模型称为BIM模型，基于BIM方法进行建模或模拟分析所应用的计算机软件称为BIM软件。

（2）BIM标准框架

BIM方法能够顺利应用在建筑全生命周期过程中，最重要的是建筑信息模型能够共享与转换，它要求行业制定相应的标准并严格实施，以保证不同人采用不同BIM软件建立的BIM模型能够相互共享与转换。当今国际通行的BIM标准框架主要有IFC、IDM和IFD。

工业基础类（Industry Foundation Classes，IFC）标准是由国际协同联盟IAI（Industry Alliance for Interoperability，现更名为Building SMART International）组织开发，其面向建筑对象的信息模型数据格式获得国际标准化组织（International Organization for Standardization，ISO）的认证，是BIM模型最常用的交换格式。IFC标准为建筑设计、建造、管理行业提出了统一的信息存储和交换格式，不同类别软件间输入输出时能够相互兼容，保证了信息传递的流畅性和准确性。IFC模型存储了建筑全生命周期的全部信息，然而对于各个专业设计人员或使用者来说只需要获得模型信息的一部分就可以进行工作。

信息交付手册（Information Delivery Manual，IDM）类似一个筛选标准，将各个阶段所需要的IFC模型中的有效信息分别提取出来，比如审查电气设备的图纸，只需要筛选出与电气相关的信息即可，不需要把建筑墙面做法、厕所洁具安装等冗余信息调出，这样可以提高各阶段的工作效率。IDM标准为从建筑设计到建筑建造各阶段、各专业所需的建筑信息制定了相关规范，包括：①建筑全生命周期各个阶段的定义；②建筑信息的创建者及使用者所要进行的工作；③建筑全生命周期各阶段需要提供的建筑信息的内容；④各专业对建筑信息筛选的方法[137]。在BIM软件中基于IDM标准，筛选出某阶段某专业需要的部分IFC模型，就类似在软件中隐藏掉不需要的部分，只显示所需要的部分，但显示的和隐藏的模型之间还保持原先的关联关系，所以这个过程也被称为IFC的一个视图。

国际字典框架（International Framework for Dictionaries，IFD）定义了建筑信息各部分的概念和属性。就好像字典一样，给建筑信息包含的每个概念名称及概念链接的多个属性赋予一个全球唯一标识符（Globally Unique Identifier，GUID），使得不同国家、不同人对同一个建筑信息的认识是一致的，避免定义构件类别出现多种可能。比如门，包含门框、门扇、铰链等构件，每个构件有尺寸、材料、价格等属性，不会把窗定义成门，门中也不会包括坡道这样的构件。

IFC、IDM、IFD三者构成的标准体系，使得不同地区、不同使用者之间建立和使用的BIM模型是可共享、传递和转换的，对于BIM的应用与推广起着非常重要的作用。

7.3.2 数字建构形态逻辑的延续

对于建筑设计来说，上述CAD/CAM集合技术以及BIM集成设计方法正给建筑行业带来革命性变革。这是因为目前在房屋建设全过程中，各个设计专业以及与建设相关的各个行业处于社会化分工合作，但不能有效协同及完全对接的境况，事实上，设计阶段中建筑专业、结构专业、水暖电各专业分离作业，不能精准整合，施工建造阶段中大部分项目的建筑构件加工、材料采购、物流配备、施工组织只凭设计图纸进行并不精确的统筹，对于建设项目从无到有的过程，虽然有甲方以及监理方进行全过程的管理，但实际上并不能做到全程严密控制，因而房屋建设过程存在各方各自为政的现象。CAD/CAM以及BIM技术及方法成为房屋建设过程联系的纽带，它们可将从设计到管理、从加工到施工、从工期到造价等各个专业及行业紧紧集合到建筑信息模型上来，并且在这一平台上各个单方的工作及变化都会及时反映到所有各方，可以对工作及变化进行评价及优化，从而实现各方各个环节的合作及协同。这一变革给建筑工程的全产业链带来了自始至终的连贯性，同时也使得从设计建模开始的建筑设计形态的连续性成为可能。

在我们进行建筑设计的计算生形时，无论以线框模型方法、表面模型方法，还是实体模型方法进行建筑形体的创建，这些模型中均内含了基本的几何信息，比如线框模型有线段长度、线段端点的几何信息；表面模型有构成表面的直面或曲面的几何定义，以及表面边界的几何信息。实体模型根据不同的创建方法，按分解法创建的模型有细分的每一个体块的几何信息；按扫描表示法创建的模型有运动的基体以及基体运动的路径的几何信息；按边界表示法创建的模型有形体的"体–面–环–边–点"的所有几何信息及其相互连接的拓扑关系；按构造实体几何表示法创建的模型有组成形体的元素的几何信息以及几何运算的信息；按参数化特征方法建立的模型有形体的参数化几何关系以及特征形体的参数几何信息等。这些几何信息是计算机软件创建形体的建构逻辑，它们为形体在显示屏上的虚拟建构奠定基础；毋庸置疑，这些几何信息同时也为建筑的物质建造奠定基础。事实上，这些几何信息可以作为房屋建造的基本结构逻辑，我们可以把这些几何信息提取出来作为结构设计的结构系统雏形，并以此逐步发展成最终建筑的形体结构，甚至可以基于它，继续发展相对应的材料构造及连接设计，直至在最终建筑内部结构以及外部立面上体现这些几何关系。

以"学生活动吧"设计为例（见第1章1.4节），该建筑的形态由Rhino软件的"放样"菜单生成，之后把它转换成由边界表示法表示的实体模型，这一实体模型由三角面并集组成，三角面由三条直线边并集组成，直线边均由两端点并集组成。这些几何信息成为该学生在设计方案阶段对这一不规则形体的结构系统及关键构造节点进行设计的基础。他把实体模型的外边界三角面网格作为该建筑的结构网架，设想通过结构计算决定该结构网格的截面尺寸，从而确定结构系统；进一步的研究发现，三角网格具有单元性，而每一三角面单元的三个顶端交点都具有相似性，即若干条边交于一点，因而，网格交叉点处的构造连接是一个关键的节点，解决了这一节点的构造设计，则解决了其他所有节点的构造问题，因此，专门详细设计了这一交叉点的构造（图7-6）。中间的圆管为结构杆件起到主要受力作用；其上面为建筑外围护表皮，可以是围护幕墙，也可能是采光窗户；其下面为吊顶，可根据需要调整它与圆管结构杆件之间的距离，这样对这一节点的设计研究，可以应用于整个建筑的形体外壳。由此可见，我们应该充分重视创建最初的设计模型时的几何信息，并可以将这些几何信息延续下去作为实际建造的结构系统或材料构造逻辑。

北京凤凰媒体中心最初的设计模型以莫比乌斯面这一数学概念生成复杂曲面壳体。在设计深化及建筑建造过程中，正是以莫比乌斯面作为"基础控制面"，其外

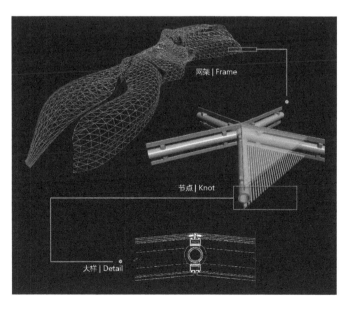

图7-6 学生活动吧设计—结构逻辑及构造关系
（来源：作者教学studio学生作品）

图7-7　北京凤凰媒体中心[166]

壳钢结构则是把此基础控制面实体模型变换为边界表示法表示的四边形网格实体模型，并把组成四边形的双向网格边线进行分离，一个方向的边线作为钢结构的主肋，另一个方向的边线作为钢结构的次肋，主次肋在交叉点处上下相接形成双向叠合空间网格结构；而其外围护表皮幕墙也基于主次钢肋的走向，在主肋线之间进行四边形面片划分，最大程度地拟合莫比乌斯面。建成的凤凰媒体中心建筑让人清晰地看到表面幕墙的形式划分与外壳结构主次肋相对应，主次肋结构与莫比乌斯面相统一（图7-7），这里最高程度实现了建筑形式与结构关系及构造连接的高度统一，这不正是传统建构思想所推崇的设计精神吗！可以说，在数字技术条件下，建构精神才得以真正彰显，这也正是数字建筑设计的魅力。

7.4　数字建构与数字工匠

7.4.1　生产方式与建造方式的变化[138]

数字时代的到来，对于产品的生产而言，设计与制造之间有了直接联系的纽带，它就是数字设计信息流。当设计师要用KUKA机械臂制作一个木质不规则椭球体时，首先通过GH在犀牛软件里建一个不规则椭球形的三维模型，接着可通过编程进行KUKA机械臂端头刀路的路径设计，随后把刀路程序文件拷到KUKA机械臂的控制系统里，运转刀路程序，机械臂便可切削木料，得到不规则椭球制品。在这一产品制造过程中，刀路路径程序作为联系纽带，把"不规则椭球设计与加工工具机械臂"连接在一起，作为数字设计信息流，它直接传递了精准的设计信息，并以指令的角色驱动机械臂进行加工制造。

上述这一产品生产方式将彻底改变工业社会"设计师—工艺技师—产业工人"的生产组织方式。按照现行工业产品的制造方法，这一木质不规则椭球体的制造需要经过如下工序：①制作实物模型或三维模型；②把它进行切片分形并做出放样图；③按照放样图切割出每一木片；④将木片用胶粘剂结合成一体；⑤进行打磨并最终制成这一木质不规则椭球体。

但是，在数字技术条件下，设计师或设计师团队将完成从数字设计建模、加工路径编程，甚至加工机械的制造控制等大部分工作，一种崭新的"数字制造"或"智能制造"生产模式将要大规模出现。

对于建筑的设计建造来说，数字建构将导致房屋建筑的全过程及各专业充分利用数字技术实现建造目标，"全过程"自始至终，以及"各专业"相互之间将具有连续且共享的数字流，从建筑方案设计开始，经过后续阶段及各专业不断添加、修改、反馈、优化建筑信息，以此数字流为依据，房屋建筑的物质性建造依靠互联网及物联网、CNC数控设备、3D打印、机器臂等智能机械，实现高精度、高效率、环保性的房屋建造与运营服务。

这一建筑物建造方式的变化，首先将改变现有的设计组织方式，协同设计将成为基础的设计组织方式，它使得设计团队里不同建筑师的局部工作得到整体统合，使得不同专业在设计阶段的矛盾可以及时发现并消灭在投入施工建造之前；同时，新的建造方式将彻底改变设计、加工、施工的组织模式，在设计的过程中，建筑师需要与跨专业的专家如结构工程师、软件工程师、材料工程师、加工厂商、施工技术员等通力合作才能完成设计，而设计与加工及施工之间的联系方式将以数据及软件参数模型为媒介进行传递，建筑师对加工及施工的控制程度将极大地提高；并且，建筑设计的成果在建造完成之后，将继续运用到建筑建成后的物业管理及建筑运营中。

7.4.2 数字工厂与数字工匠[138]

1. 数字工厂及产品质量

基于上述产品生产方式及建筑建造方式的变化，一种新的生产建造机构将应运而生，这就是"数字工厂"，对于建筑的建造而言，可称其为"数字工地"；而它们的主宰者正是数字设计师，也称为"数字工匠"。

之所以用"数字工厂"及"数字工匠"，这是因为这种产品生产方式及建筑建造的方式似乎又回到了传统的手工作坊及传统的建筑工地。在传统作坊及工地，工匠将设计与制作合为一体，设计始于想法、融于制作过程、成于产品的完成，传统匠人通过手持工具直接劳作于材料、进行产品加工，把他们丰富的经验、祖传的技艺、个人的情感在产品上留下痕迹；在数字工厂，虽然生产工具有了革命性的变化，但是设计与制造之间通过数字设计信息流也形成了一体化的产品生产过程，数字匠人通过软件操作及代码编写，特别是通过反馈及修改的过程环节，他们把思想概念、审美情趣、艺术热情、工艺传承、精益求精等匠人品质注入产品，并通过加工机器如CNC机床、3D打印机、机械臂等在产品上留下独特的印记。比如，Xuberance的设计师，当面对他们通过3D打印而成的精细而优柔的饰品时，设计师说："我在拖拽MAYA软件里的造型时，把我的嗜好和情绪添加在里面了。"

人们常常为手工制品的个性化特征而赞赏，更为传统匠人的"专一纯粹，节材省料，精益求精，独具匠心"而赞叹。然而现代社会由于大规模生产的分工合作，虽然要求产品设计、生产工艺设计以及加工制造相辅相成不可分割，但事实上设计与制造之间缺少直接的联系通道，因而造成两者间严重脱节，从而导致为了实现设计，需要复杂的工艺流程及艰辛的制造过程，同时产品的设计与制造需要大规模批量化生产以降低成本，其结果是，工业产品充满单调、乏味、冰冷的气息，更谈不上"独具匠心"；同样，建筑的建造过程设计、加工、施工严重脱节，建筑师的设计往往在加工及施工的环节完全丢失，建造的全过程实际上没有统一的把控，缺少前后的衔接，最终导致建筑质量不尽人意。今天数字工厂不仅为我们提供了便捷高效的生产过程及高质量高精度的产品，而且这种生产方式适合于个性化定制，可以不断满足当今日益增加的个性化生活要求，更重要的在于，它找回了久违的匠人精神，这是建立在新技术基础上的新生产及新建造的人文精神。

关于产品及建筑的质量，在数字技术可达到的高分辨率以及智能机器可具备的高精度条件下，"数字制造"及"智能制造"可带给我们丰富的产品特质及崭新的品味倾向，如扎哈设计的鞋履在满足穿鞋功能的同时，可以着力表现精雕细琢、形式自由（图7-8）；再如张周捷设计的"不锈钢椅"是通过传感器测量设备获取人体数据进行定制建模，象折纸般折叠不锈钢金属制作而成，表现出轻盈光鲜亮丽的特质（图7-9）；阿希姆·门格斯（Achim Menges）设计的"ICD/ITKE研究亭"（图7-10）由36个轻质复合纤维单元组成，单元形态原型为甲壳虫背壳微观几何

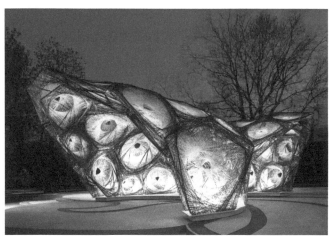

图7-8　Ross Lovegrove 为 United Nude 设计的鞋履
（来源：徐卫国拍摄）

图7-9　张周捷设计的不锈钢椅
（来源：张周捷提供）

图7-10　孟格斯设计的ICD-ITKE研究亭
（来源：袁烽提供）

形态，在设计研究过程中，使用了数字生成技术将甲壳虫原型发展成建筑单元形态，同时使用机器臂加工技术制造出碳纤维增强的双曲玻璃纤维单元（Doubly Curved Glass Fiber Geometry and Carbon Fiber Reinforcement），该作品不仅表现出生物形态的有机性和结构性，而且为数字新建筑探讨了轻质单元装配式建造途径。这些通过"数字制造"及"智能制造"而成的产品，以传统的手工艺是不可能实现的，即便在现代工业生产时代，也不可能出现这类产品。

2. 数字工匠及作品所有权

当然，数字工匠不仅需要基本的设计技巧及人文情怀，还需要掌握数字技术以及相关技能，内容包括了三维软件及其脚本编写，算法与编程，参数化设计，数字建构，结构形态系统，材料构造逻辑，数控设备的使用，智能机器臂的编程操作，基于数字技术的新材料新工艺等，只有具备了这些新知识，设计师才能称得上数字工匠，他们才能在数字工坊或数字工厂发挥作用。可见，数字时代呼唤新一代科技匠人，他们具备科技、人文及艺术的综合素质。

但是，人们往往从一个极端走向另一个极端，特别在当今数字技术、人工智能、大数据运用越来越多地渗入设计领域，自动生成设计软件越来越像设计师那样思考及创作，设计师很容易顺从自动生成软件的逻辑，被牵着鼻子随波逐流，久而久之变得像自动生成软件那样思考，这样将丢失设计师的独特匠心及自我情怀，设计结果将同样乏味单调，因而，数字工匠需要时刻保持强势的操控能力，同时熟练地运用成品自动生成工具。

另一个值得讨论的问题是关于设计作品的所有权（Ownership）问题。在现代工业社会大规模分工合作的生产方式下，设计师依靠个人魅力，通过独特的形式风格可以获得设计作品的著作权；实现设计的下游行业如工艺流程及加工制造，由于由团队公司或工厂机构集体完成加工制造，通常只能处于附属地位，不享有最终作品的著作权；如扎哈设计的建筑作品，耗费了巨大社会资源进行加工建造，但最终只标榜建筑师个人名誉。这一时代似乎将一去不复返。

在数字时代"数字制造"及"智能制造"方式下，设计及制造将更多依靠调用信息资源、使用既有参数化模型、通过软件操作及程序编写、利用开源技术进行设计及加工制造，比如目前已有专门网站提供设计的参数化模型，比如有出售专门的软件用于机械臂工作路径设计，比如有各种材料的3D打印机器出售可供加工产品，设计及制造将利用众多已有专有权的知识和工具进行，设计师在最终产品上的个人烙印只占到很小的比例。

特别在建筑行业，在数字建构的全过程及各专业充分利用数字技术实现建造目标过程中，大量具有著作权（Authorship）的知识及工具将被使用，最终建筑作品的著作权将由参与设计及建造者共享，建筑师一人独占作品所有权的现象将彻底消失。因而，在数字时代，著名设计师或明星建筑师将不复存在，设计师及建筑师的职业将被重新定义，甚至设计师及建筑师的这一名称也将消失在历史发展的进程中，"数字工匠"将会是"数字制造""智能制造""数字建造"等个性化大规模定制生产及建造中的主力。

第 8 章
数字设计及数字建造的工具

8.1 数字建筑的设计软件

正如本书第3章3.4.1节所述，计算机中图形的生成主要依靠图形软件进行。图形软件有不同的类型，比如有专用图形软件，它提供一组菜单，使用者通过菜单来创建图形；再如有通用编程图形软件，它设有几何图形函数库，使用者需要运用高级程序设计语言调用图形函数库中的图元来创建图形；另外还有一些软件既提供一组菜单，同时还设有内嵌语言，使用者既可通过菜单创建模型，也可通过内嵌语言结合菜单来创建图形。建筑工程与其他行业有所不一样，它由建筑、结构、给水排水、暖通、电气、概预算、施工组织等专业组成上下游相联系的专家团队共同完成建筑工程的建设任务，从建筑方案的设计开始，到建筑的建成交付使用，甚至交付运营后的建筑运维管理，全过程需要前后连续的数据图形、附属信息，以及能够承载这些数据链的软件平台。以下介绍几类建筑行业比较适合使用的软件。

8.1.1 参数化设计软件[119]

参数化建模是参数化设计的实现手段，包括参数转译、建立约束和建立关联三方面核心步骤。通过参数转译将影响设计的因素转译成为计算机可读的数据或图形；通过约束建立起模型中几何体之间的关系；通过关联将数据与几何体之间建立起关系。如今很多人只是片面地将参数化设计当作一种通过编程生成曲面复杂形态的方法，但其实参数化设计的核心应用是通过建立约束、关联，调节不同的参数时，参数化模型中的各个构件会联动进行变化，从而实现设计优化和多方案比选（详见本书6.4.2节）。

参数化建模是在参数化软件平台上完成的。参数化软件最初主要是应用于工业制造领域，比如零件设计、汽车飞机外壳、发动机等的设计。工业设计常用的参数化软件包括SolidWorks、Pro-E、UG、CATIA等，这些软件都可以建立约束和关联，并拥有内嵌的计算机语言工具进行编程和二次开发。1991年盖里第一次将航空设计领域的CATIA应用于巴塞罗那金属鱼雕塑的设计中，之后不断有原本应用于其他领域的设计软件被建筑师应用到建筑设计中[139]。比如用于工业产品设计的犀牛软件（Rhinoceros，简称Rhino），应用于电影动画制作的玛雅（MAYA）软件，如今都成为数字建筑设计中常用的参数化设计软件。建筑设计的复杂程度比起飞机、汽车设计要低一些，所以如Pro-E、UG等功能非常齐全、占用资源比较大、技术门槛比较高的工业设计软件，一般在建筑设计中只会使用到它的一部分功能。电影动画设计常用的MAYA软件，在建筑设计中会使用它操作方便的曲面造型功能和逼真的动画渲染功能，在动画电影中常用的骨骼、皮肤、毛发等功能则不常使用。

在建筑设计中，比较常用的参数化设计软件主要有Rhino的插件Grasshopper，Microstation的插件Generative Components、Processing、Autodesk MAYA、Autodesk 3Dmax等，以及BIM软件Digital Project、Bentley Building、Autodesk Revit、ArchiCAD等。

Rhino基本的建模功能并不是参数化方法，但配备了在

Rhino平台下运行的可视化编程插件Grasshopper后，就拥有了参数化设计的功能。相比于Rhino自带的二次开发语言平台RhinoScript，Grasshopper不需要很强的编程能力，就可以通过连接内嵌算法的电池、调节数据滑块等简单的流程生成想要的形体，非常适合建筑师使用。不管是方案设计阶段的找形和模拟，还是初步设计阶段的造型优化细分，到生成可供数控机床加工的建筑构件文件，并输出构件清单，都可以利用Grasshopper配合Rhino实现。

另外有一部分设计机构，如英国的福斯特事务所使用Microstation进行设计。同Rhino一样，Microstation本身只是一个三维建模和二维绘图软件，但配备了在其平台上运行的可视化编程插件Generative Components后可以进行参数化设计。Generative Components的操作也是通过连接内嵌算法的电池进行编程，操作简便，能快速生成形体。

Processing是集算法、艺术、设计于一体的计算机语言，同时因为其开源性，Processing的官网上有来自全世界的设计师分享的程序，其他人可以下载后再进行修改，相比于其他计算机语言更易被建筑师使用和共享。在建筑设计中主要通过编程进行一些抽象过程，例如墨水溶于水、鸟群动态的形态模拟等，生成优美的形态，再抽取其中的关键特征作为建筑设计的雏形。

MAYA和3Dmax都集三维建模和动画制作功能于一身，各自都有基于自己软件平台的计算机语言进行编程和软件的二次开发，如MAYA有Mel语言和Python语言，3Dmax有MaxScript。在数字建筑设计中主要是在方案设计阶段应用各自强大的多边形建模（Polygon Modeling）功能，通过对曲面控制点、线、面进行平移、旋转、放缩等操作，像艺术家制作雕塑一样，在计算机中进行建筑找形，之后再导入Rhino、Digital Project等软件中进行精确建模，然后可以选择在MAYA或3Dmax中进行效果图渲染。表8-1总结了常用的参数化设计软件。

常用的参数化设计软件 表8-1

软件名称	开发公司	使用类型	软件特点及应用内容
Rhino & Grasshopper	Robert McNeel	参数化三维建模软件	操作简单但内容齐全，适用于建筑师进行简单的编程来构建参数化模型，在找形、模拟分析、设计优化、数字模型输出过程中都有很好的适用性。这种方法将CAD/CAE/CAM设计、分析、加工三者串联在一起
Microstation & Generative Components	Bentley		
Processing	MIT	可视化编程语言平台	开源的新型计算机语言，语法简单且图形可视化功能强，其他设计师上传到网上的程序可下载并进行修改，适用于建筑师使用进行模拟和建筑找形
MAYA	Autodesk	参数化建模与渲染软件	非常强大且便捷的雕塑造型能力，主要应用于建筑找形，通过内嵌的Mel语言可以通过编程生成更复杂的形态。后期进行渲染和动画制作
3Dmax			过去最常用的三维建模和渲染软件，非常强大且具有便捷的雕塑造型能力，主要应用于建筑找形，后期进行渲染和动画制作

8.1.2 建筑信息建模BIM软件

BIM模型是参数化模型的进一步发展，在一般的参数化模型中主要是建立图形与数据间的相互关系，不需要赋予图形相应的材料、造价等属性特征，而在BIM模型中组成模型的单元是以建筑构件的形式存在的，建筑构件包含了构件的几何图形与物质属性两个方面。通过BIM模型还可以对项目进行造价估算和施工模拟等一般参数化模型不能实现的工作。

BIM模型是通过BIM软件平台搭建的，不同专业有各自的BIM软件。建筑专业的BIM软件主要包括Autodesk Revit Architecture、Bentley Architecture、Digital Project、ArchiCAD；结构专业包括Autodesk Revit Structure、Bentley Structural、Tekla Structures（Xsteel）等；设备专业包括Autodesk Revit MEP、Bentley Building Mechanical Systems等。其中Revit系列软件和Bentley系列软件囊括了建筑、结构、水暖电全部专业的内容，各自系列的软件之间可以达到完美兼容。

Revit系列软件是目前使用最广泛的BIM软件，与其他各类建筑设计软件有很好的兼容性，可以和AutoCAD、Microstation等常用软件导入导出模型，并通过IFC格式文件导出到其他性能模拟软件中进行模拟分析。建筑师和工程师主要利用Revit系列软件进行设计深化、施工图设计、碰撞检查和性能模拟等工作。

Bentley系列软件是使用量仅次于Revit的BIM软件，软件类型和使用功能与Revit类似。

Digital Project是常用于设计优化非线性建筑的BIM软件，盖里、扎哈、UNStudio等著名事务所的项目，大都是采用Digital Project进行项目优化和施工图设计的。相比于CATIA软件，Digital Project增加了建筑、结构构件的数据库，可以直接调用，不需从头搭建模型。同时Digital Project内嵌有编程模块，可以对复杂的曲面进行优化，并细分成可加工的构件单元。从设计、施工到运营管理，Digital Project为建筑项目提供了全生命周期的BIM模型。

ArchiCAD是由匈牙利Graphisoft公司开发的针对建筑专业的BIM软件，相比其他BIM软件，它占用硬盘空间较小，模型运转速度快，软件价格也相对较低，但涵盖了BIM软件应有的绝大部分功能。通过输出IFC格式文件，为后续结构、设备专业的设计和模拟提供共享模型。但因为没有在同一平台下开发结构和设备专业设计软件，在世界范围内的市场份额比较小。

Tekla Structures（别名XSteel）是芬兰Tekla公司开发的专门用来设计钢结构、钢筋混凝土结构的BIM软件，软件提供了存有大量不同尺寸、功能的钢结构和钢筋构件库供选择。通过搭建结构BIM模型，可以自动生成结构详图和构件清单，并可以对结构构件的加工和施工过程进行模拟。很多知名的建筑都是使用Tekla软件进行设计和建模的，比如扎哈设计的韩国首尔的东大门设计广场、盖里设计的巴黎路易斯威登基金会等。表8-2总结了常用BIM软件的特点和适用范围。

常用BIM软件的特点和适用范围   表8-2

软件名称	开发公司	使用类型	软件特点及应用内容
Revit Architecture	Autodesk	BIM 建筑设计软件	集设计所有专业于一体的 BIM 软件平台，具有强大的兼容性。通过输入输出 IFC 格式文件与其他设计分析类软件共享模型信息。通过建设 Autodesk 360 云服务平台，在云端进行图像的渲染和计算工作，并在工地进行施工指导
Revit Structure	Autodesk	BIM 结构设计软件	
Revit MEP	Autodesk	BIM 设备专业软件	

软件名称	开发公司	使用类型	软件特点及应用内容
Bentley Architecture	Bentley	BIM 建筑设计软件	以 Microstation 为平台的 BIM 系列软件，集所有专业于一体。可以和 AutoCAD、Microstation 等 CAD 设计软件进行互导，通过输入输出 IFC 格式文件与其他设计分析类软件共享模型信息。通过 Bentley Navigator 软件进行碰撞检查和施工模拟
Bentley Structural	Bentley	BIM 结构设计软件	
Bentley Building Mechanical Systems	Bentley	BIM 设备专业软件	
Tekla Structures	Tekla	BIM 结构设计软件	主要设计钢结构和钢筋混凝土结构，可根据结构的 BIM 模型自动生成结构详图和构件清单，并进行施工模拟
Digital Project	Gehry Technologies	BIM 建筑、结构设计软件	基于 CATIA 平台开发的适用于建筑工程设计的 BIM 软件，可以进行建筑和结构设计，并且通过扩展软件包进行设备设计。内嵌有编程模块可以对复杂的曲面进行优化，并细分成可加工的构件单元
ArchiCAD	Graphisoft	BIM 建筑设计软件	占用硬盘空间较小，模型运转速度快，涵盖 BIM 软件应有的绝大部分功能，可输出 IFC 格式文件。没有在同一平台下开发结构和设备专业设计软件

8.1.3　建筑性能模拟软件

建筑性能模拟是参数化设计方法中将抽象的环境因素转译为定量数据的最常用方式。它为数字建筑设计中可行性方案比选和设计优化提供了定量的依据。随着计算机模拟技术不断发展，计算机模拟结果越来越接近真实情况，相比于制作实体模型进行物理实验，计算机模拟更加经济，操作更加简便。

计算机模拟软件类型非常丰富，几乎可以涵盖各种类型的建筑性能，常用的建筑性能模拟软件包括结构分析、声光热环境分析、能耗分析、风环境分析、疏散分析等。其中结构分析软件主要包括ANSYS、ABAQUS、SAP2000、MIDAS/GEN等；光环境模拟软件主要包括Ecotect、WINDOW、Radiance、Daysim等；流体力学模拟（CFD）软件主要包括Fluent、Phoenics、Airpak等；能耗分析软件主要包括DOE.2、Energy Plus、DeST和PKPM等；声环境模拟软件主要包括EASE、Acoubat、Raynoise、CATT、Cadna A等；疏散模拟软件主要包括EVACNET、Simulex、EVACSIM等。

各类功能的模拟软件特点不同，适应的分析内容也不同，需要设计师根据情况进行合理选用，达到尽量接近实际的模拟效果。表8-3总结了常用建筑性能模拟软件的使用特点及应用范围。

常用建筑性能模拟软件的使用特点及应用范围　　　　　表8-3

软件名称	开发公司	使用类型	软件特点及应用内容
ANSYS	ANSYS, Inc	有限元分析软件	集结构、流体、电场、磁场、声场分析于一体，在国际上使用最广泛的有限元分析软件。在非线性建筑设计中常用于做结构模拟和风环境模拟
ABAQUS	Dassault Systems	有限元分析软件	功能非常强大的结构模拟有限元分析软件，特别适合模拟非线性问题，主要用于进行静态及非线性动态应力、位移模拟分析
SAP2000	Computersand Structures, Inc	结构分析和设计软件	结构分析常用的软件，空间建模方便，弹性静力分析和位移分析较强，非线性计算能力较弱
MIDAS/GEN	MIDAS IT	结构有限元分析和设计软件	钢结构和钢筋混凝土结构设计和模拟常用的软件，适合进行非线性问题有限元分析计算，除分析外还可以进行结构优化设计
Ecotect	Autodesk	建筑环境模拟软件	综合性的建筑环境模拟软件，可进行光环境模拟、辐射模拟、可视性分析、能耗模拟，将天气数据制作成可视化图表等，与常用的建模软件有着非常好的兼容性
WINDOW	LBNL	光环境模拟软件	拥有庞大的玻璃、窗框、百叶等窗构件库，专门用于模拟窗的光环境及人环境性能
Radiance	LBNL	光环境模拟软件	基于真实物理环境进行模拟计算，主要用于对自然光和人工照明条件下的光环境进行模拟，有很好的计算能力及仿真渲染能力
Daysim	NRC-IRC	光环境模拟软件	以 Radiance 为计算核心，模拟全年的日照辐射，并对室内照明进行优化设计
Fluent	ANSYS, Inc	CFD 软件	国际上使用最多的 CFD 软件，拥有先进的计算分析能力及强大的前后处理功能，在建筑设计领域常用于模拟建筑的风环境以及火灾排烟过程
Phoenics	CHAM	CFD 软件	世界最早的计算流体的商用软件，常用于建筑单体或建筑群的风环境模拟。可以直接导入 AutoCAD 和 Sketchup 建立的模型
Airpak	ANSYS, Inc	CFD 软件	基于 Fluent 计算内核，专门面向建筑工程的 CFD 模拟软件，主要用于模拟暖通空调系统的空气流动、空气品质、舒适度等问题
DOE.2	LBNL	能耗分析软件	由美国能源部支持，劳伦斯伯克利国立实验室 LBNL 开发的功能强大的非商业能耗模拟软件，被很多国家作为建筑节能设计标准的计算工具，众多商业能耗模拟软件的基础
Energy Plus	DOE&LBNL	能耗分析软件	在 DOE.2 基础上开发的免费的能耗模拟软件，常用来对建筑的采暖、制冷、照明、通风以及其他能源消耗进行全面能耗模拟分析和经济分析

软件名称	开发公司	使用类型	软件特点及应用内容
DeST	清华大学建筑技术系	建筑环境及HVAC模拟软件	对建筑的热环境及设备性能等进行全年逐时段的动态模拟，广泛应用于商业、住宅建筑的热环境模拟和暖通空调系统模拟
PKPM	中国建筑科学研究院	综合性设计模拟软件	国内自主研发的，集建筑结构设计、能耗分析、施工项目管理、造价分析等多种功能于一体的综合性设计模拟软件
EASE	ADA	声学模拟软件	综合使用了声线追踪法和虚声源法进行声学效应模拟，计算精度较高且速度较快，是世界范围内广泛应用的室内声环境模拟软件
Acoubat	CSTB	声学模拟软件	通过建筑构件的隔声计算，模拟和控制室内声环境，及时对分析目标房间的墙体、地板等采取相应的隔声策略
Raynoise	LMS	声学模拟软件	广泛应用于剧院、音乐厅、体育场馆的音质设计以及道路、体育场的噪声预测分析，能准确地模拟声传播的物理过程
CATT	CATT	声学模拟软件	主要应用于厅堂音质进行模拟分析。可将Sketchup和AutoCAD建立的软件直接导入，定义各界面的材质和属性，然后进行计算
Cadna A	Datakustik	噪声模拟软件	常用的噪声模拟和控制软件，广泛应用于评测工业设施、道路、机场等区域的多种噪声源的复合影响
EVACNET	University of Florida	疏散模拟软件	以网格形式描述建筑空间，人员在网格中进行流动，来模拟人员的疏散，适合应用于大型复杂建筑火灾中逃生。模拟中考虑了人疏散过程中的行为特点因素，使模拟更加真实
EVACSIM	TH Engineering Ltd	疏散模拟软件	
Simulex	HEIS	疏散模拟软件	由C++语言编写的，模拟人从大型空间或结构复杂的场所中逃生路线和时间

8.1.4 其他模拟软件平台

除了以上设计和性能模拟类软件外，在数字建筑设计过程中还常用到BIM云平台、施工仿真及管理类软件、造价估算软件等。

一般大型数字建筑的模型量通常比较大，特别是将建筑、结构及设备专业的模型汇总在一起时，使用单机进行操作速度较慢。为解决这一问题，一些大型软件公司开发了计算能力强大，且不占用单机资源的BIM云服务器，比如Autodesk公司的A360平台、Gehry Technologies的Trimble Connect平台（原名叫GTeam）。通过将各专业的模型汇总到云平台上来进行碰撞检查和图纸会审，可以很好地解决各专业的信息交流和传递问题。BIM云平台可以由平台信息管理者根据使用者的不同要求，开通不同的使用权限，保证信息的安全性。在BIM云平台上还设置有对话功能，设计师们可以一对一或设置多人的讨论小组在网上进行相互交流。在施工过程中，使用移动设备如手机或平板电脑等可以实时读取云平台上的图纸和模型，在网络信号不佳的工地上，也可以提前下载离线模型到移动设备上，不需要再把成摞的图纸带到工地现场进行施工指导。比如Trimble Connect专门设计了在移动设备上运行的APP，可以通过扫描二维码的方式，直接找到对应的图纸或建筑构件的信息，包括构件的名称、属性、安装位置、安装方法等一系列信息（图8-1）。对于拥有上千个形状相似的构件的大型建筑来说，这种方式让工人们能迅速找到下一步需要安装或施工的构件及对应的图纸说明。

在设计过程中，已经集成好的BIM模型可以使用Autodesk公司的Navisworks、Bentley公司的Navigator等BIM仿真及施工管理软件，来检查不同专业的构件之间是否发生碰撞以及进行施工过程模拟。BIM仿真及施工管理软件可以导入多种格式的三维模型，通过制定施工进度表，能在软件中实现虚拟的施工全过程。BIM仿真软件有着真实度极高且计算速度很快的可视化功能，可以轻松地在虚拟建筑中进行漫游，创建出逼真的渲染图和动画，检查空间和材料是否符合设计要求。

在传统的建设工程中，造价预算师一般是通过浏览各种专业图纸，然后在造价软件中重新建模并计算工程量。这种方式对于复杂的建筑工程来说不仅工作量极

图8-1　Trimble Connect平台在施工现场的应用
（来源：李晓岸提供）

大，而且这些软件的建模能力都不足以满足搭建复杂性建筑的要求，所以一般是大致估算完工程量后再乘以一个系数得到最终结果。这种方法很难准确估算复杂性建筑的造价，给成本控制造成了不利。基于BIM模型，建筑结构水暖电各专业的模型可以汇总在一个平台里，各个专业的工程量能够通过BIM软件输出列表，各个构件的造价信息也可以输入到BIM模型中，这样就不再需要专业的造价预算师重新构建模型；在建造过程中可以实时更新BIM模型中工程量和构件单价的变化情况，从而达到对成本更准确的控制。目前，国内工程主要使用广联达、鲁班、斯维尔、PKPM等软件进行成本估算，国外则主要用Innovaya、CostOS、Dprofiler等软件。这些软件可以与Revit软件相兼容，通过输入Revit建成的BIM模型进行精确三维定量分析和成本估算。表8-4为其他模拟软件平台。

其他模拟软件平台 表8-4

软件类别	软件特点及应用范围	代表性软件
BIM 云平台	在网络服务器上进行各专业模型汇总和碰撞检查，计算能力强且不占用单机资源。有不同级别的使用权限设定，保证模型的安全性。施工过程中使用移动设备就可以查询图纸和模型，进行施工指导	A360、Trimble Connect
BIM 仿真及施工管理软件	可以导入多种格式的三维模型，通过制定施工进度表，能在软件中实现虚拟的施工全过程。能快速创建出逼真的渲染图和动画，检查空间和材料是否符合设计想法以及进行构件的碰撞检查	Navisworks、Navigator
BIM 造价估算软件	各个专业的工程量能够通过 BIM 软件输出列表，各个构件的造价信息也可以输入 BIM 模型中，不需要专业的造价预算师重新构建模型。在建造过程中实时更新 BIM 模型中的工程量和构件单价的变化情况，能对成本有更好的控制	广联达、鲁班、斯维尔、PKPM、Innovaya、CostOS、Dprofiler

8.2 数字建筑的建造方法及工具

数字时代已经在逐渐重置设计与加工之间的关系，在可想到的与可建造的之间建立了直接的联系。建筑设计不仅可由数字软件生成，同时通过数控技术可以实现"文件到工厂"的建造过程。数控加工有效解决了生产效率和生产灵活性在工业化生产过程中的矛盾，实现了从标准化到部件定制、再到个性化生产的变革，同时这一转变并不是以增加造价和人力消耗作为代价，因而数字技术正在制造和建造领域向着深度和广度方面发生一场革命。

数控加工就是软件系统控制加工设备进行制造或建造的过程。数控软件是由程序员根据加工对象的几何属性、材料性能、加工要求、设备特性，通过系统规定的指令编制而成的程序。数控加工的过程也是设计的理想几何形态向着数字技术背景下的材料物质几何形态的一个转换过程。当前的数字建造途径主要有二维加工、三维加减、塑形加工、构件装配等。每种建造方式都有着对应的建造工具和相应材料，同时可以应对不同的复杂几何形体的数字建造要求。

8.2.1　二维切割[119]

二维切割（2D Cutting）是最常用的构件加工技术，主要针对平面的板材进行切割加工。常用的二维切割方式包括刀具（Cutting Tool）、激光束（Laser-beam）、等离子弧（Plasma-arc）、火焰（Flame）和水刀（Water-jet）等（图8-2）。通过移动切割端头、机床，或两者同时移动，改变切割端头和板材的相对位置，将板材切割成所需平面形状。在建筑的建造中，常用二维数控切割方式加工非标准的板材，雕刻复杂的镂空花纹等。切割完成的板材有的需再进行弯曲、焊接、组装等二次加工。常用二维切割工具的特征、优缺点、适用范围见表8-5。

（a）刀具切割　　（b）激光切割　　（c）等离子弧切割　　（d）火焰切割　　（e）水刀切割

图8-2　不同的二维切割方式
（来源：李晓岸提供）

常用二维切割工具的特征、优缺点及适用范围　　　　　　　　　表8-5

切割方式	特征	优缺点	适用范围
刀具切割	一般是使用硬质的刀头，如高强度钢、合金、陶瓷、金刚石等，对板材进行切割，是最为传统的切割方式	切割的厚度范围很大且速度比较快。但刀具会因为磨损产生误差，需要经常进行更换	主要是对玻璃、石材、陶瓷等材料进行切割

切割方式	特征	优缺点	适用范围
激光切割	使用高强度的激光束结合高压二氧化碳气体，熔化或者烧断材料实现切割	切口很窄只有约0.1～0.5mm，切割精度较高，速度较快。一次性投资较大，维护运行成本也很高	激光切割主要应用于12mm以下的薄钢板、部分非金属板（如木板、PVC板、有机玻璃板等）的切割，不适于切割铝板、铜板，以及较厚的金属板
等离子弧切割	用电弧将压缩气体加热到2700℃的高温产生等离子弧，借助高速热离子气体熔化和吹除熔化的金属而形成切口	切割厚度范围较大，但精度一般，热效应产生的变形较大	常用来切割3～80mm厚的不锈钢板，也可以切割铸铁、铝合金、水泥板、陶瓷等材料
火焰切割	利用乙炔、丙烷等气体混合氧气的火焰枪，通过燃烧产生高温，熔断钢板实现切割	简单经济，但精度较低，热效应产生变形也比较大	它是钢板粗加工常用的方式，用于切割比较厚的钢板
水刀切割	利用混合有石榴砂的高压水柱对材料进行切割	切割过程中不产生热效应及燃烧后的有害物质，材料不会因为受热及之后冷却产生变形，切割更加精准，安全环保。且切割厚度范围较大，是目前适用性较好的切割方法	水刀切割广泛适用于陶瓷、石材、玻璃、金属、复合材料等多种材料的切割

8.2.2　三维去除[119]

三维去除也可称为减材制造（Subtractive Fabrication），它是将块状材料通过刀具切削的方式去掉多余的材料，形成所需构件形状的加工方法。它使用数控机床进行材料加工，首先将三维的数字模型（一般采用IGES格式）输入数控设备的计算机终端，数控机床自动将模型数据转化为控制切削前端移动的G-code代码，然后进行材料的去除切削加工。

通过更换不同直径、形状的切削前端的刀头，可以调节去除切削的效果和精度。切削的速度需根据材料的硬度、表面粗糙度等特性进行调整。一般在开始阶段使用较大尺寸的切削刀头对块材进行粗加工，尽快去除多余材料，之后再换成小尺寸的切削刀头进行精细的去除加工。根据移动的方式，一般将数控机床分为二轴、三轴、四轴、五轴机床，二轴机床的切削刀头只能在XY平面内两个方向上移动；三轴机床切削刀头的移动方式增加了垂直XY平面的Z方向，即可以沿竖直方向雕刻不同深浅的形状，但当上层材料未被切削时，不能切削下层材料［图8-3（a）］；四轴机床则在三轴机床的基础上，切削刀头可以进行A

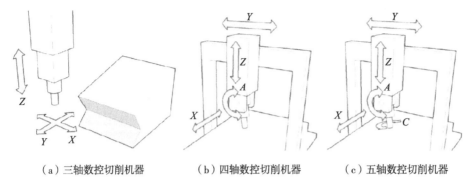

| （a）三轴数控切削机器 | （b）四轴数控切削机器 | （c）五轴数控切削机器 |

图8-3　三、四、五轴数控切削机器示意图
（来源：李晓岸提供）

轴方向切削，即在竖直平面内旋转〔图8-3（b）〕；五轴机床则再增加C轴方向运动〔图8-3（c）〕，轴数越大加工的限制越小，五轴机床基本可以实现各种形状的切削。

建筑建造中常运用多轴数控机床加工木材、石材，产品通常作为外围护或结构梁柱等构件，也可用它们来加工泡沫块材作为混凝土、GRC、GRG、FRP等构件制作的模板。比如，日本建筑师阪茂在法国梅兹设计的蓬皮杜中心的木结构梁柱的加工中，用了数控铣床对胶合木进行加工，切削出细节、连接孔等，然后进行拼装；再如盖里在德国杜塞尔多夫设计的新海关大楼酒店工程中，为了预制外挂的曲面混凝土板，浇铸混凝土板的模具正是利用数控铣床切削泡沫块材，之后再在泡沫模具内浇筑混凝土成型曲面挂板。

8.2.3　塑形加工[118]

塑形加工是用机械力量、形体压迫、热量或蒸汽等手段将材料重塑或变形为需要的形态。在加工金属材料时，可采用超过金属弹性极限的压力使其变形，也可将其热熔再塑形；平面曲线通常通过数控弯曲具有弹性特征的钢材和木材的条、管、棒得到；传统的双曲面制作通常使用不同的可塑性材料，如人造石、预铸式增强石膏板材等，通过模具热弯吸塑等工序完成，而模具通常采用CNC机床对木材进行加工而成。E-grow公司则针对木模加工成本高的缺点，发明了用计算机辅助制造方法制作蜡制模具的方法（图8-4），进而向蜡制模具中浇铸石膏浆及增强纤维原料，待石膏凝固后脱模，即可得到所需预铸式增强石膏板材；制作模具所用的蜡可回收循

图8-4　E-grow的蜡模技术
（来源：王凤涛提供）

（a）弯曲成形　　（b）模具成形　　（c）单点成形　　（d）多点成形　　（e）液压成形

图8-5　不同的塑性加工方式
（来源：李晓岸提供）

环利用，这是一种环境友好的技术；该技术在广州歌剧院室内复杂机理表面的饰面板材加工中得到应用。除此之外，多点数字化成形技术可以利用高度可调的冲头形成模具来制造三维曲面钢板，这种技术可在同一设备上进行多种不同造型的三维曲面加工，且可在小设备上实现大尺寸钢板加工而不需要将其分割，这种技术在制作鸟巢中的大量扭曲钢板加工时发挥了重要作用。不同的塑性加工方式见表8-6及图8-5。

不同的塑性加工方式　　　　　　　　　　　　　　　表8-6

建造方式	特征	优缺点	适用范围
弯曲成形	弯曲成形是对有塑性变形能力的材料，如金属、胶合木、合成材料等的直管（杆）或平面板材，用模具或其他工具施加压力，使其弯曲成所需形状，是最常用的塑性制造方式	成本较低，制作速度较快，加工尺寸范围较宽。对于单一半径的单曲面加工精度较高，但加工复杂曲面的精度会降低	适合加工厚度较小且曲率变化简单的管材或板材。管材可以弯曲成单曲线和双曲线形状。板材更适合通过弯曲制成单曲面形状，不适合制作双曲面
模具成形	区别于直接在模具中浇筑液态材料冷却成形的铸造方法，模具成形是将平面板材放在两个相互咬合的模具内压制成形。或是只制作下方模具，通过加热让材料变软，由于重力效应材料自动贴附在模具表面，冷却后固定成形。它是加工标准构件常用的方式	模具成本很高且制作周期长，适合利用同一模具加工大量相同的构件，降低单位成本，加工精度很高	可以加工任意形状，但需要形状完全一致

建造方式	特征	优缺点	适用范围
单点成形	单点成形是利用计算机控制金属头对平面板材施加压力，类似于古代用锤子砸铁进行塑形的方式，主要用于加工金属板材	不需制作模具，制作精度较高，但加工时间较长，造成单位成本的增加	可以加工任意形状的构件，构件之间形状可不同
多点成形	多点成形是通过计算机控制金属点阵的高度，形成近似的曲面形状的上下咬合的模具，对平面板材施加压力，塑造成所需形状	模具数控可变，能以较低的成本、较短的时间制造形状不同的构件。在金属点阵表面垫一层橡胶垫，可以避免点阵模在板材上留下凹痕	可以加工任意形状的构件，构件之间形状可不同
液压成形	液压成形只制作构件下方一个模具，在上方通过高压液体对管材或板材施加压力，使其形成所需形状	模具成本很高且制作周期长，加工精度高，适合利用同一模具加工大量相同的构件	可以加工任意形状的构件，但需要形状完全一致

8.2.4　数字拼装

数字拼装（Digital Assembly）指在工地现场应用数字技术将构件单元安装到指定位置。一般在人工拼装难度比较大，比如拼装的定位复杂、拼装有一定危险性或构件比较重等情况下，利用机械臂将构件安装到位。比如瑞士苏黎世联邦理工学院ETH的Gramazio和Kohler教授专门研究机器人在数字拼装方面的运用，他们为瑞士一个葡萄园设计的用于酿造和品尝葡萄酒的服务楼，立面采用排列呈渐变形态的砖块。利用计算机编码操控机械臂将砖块摆放成设计位置和一定角度并粘结，之后将一整块砖墙单元运至现场填充到混凝土框架结构中作为外墙[140]。

清华大学（建筑学院）中南置地数字建筑中心研发的"机器臂自动砌筑系统"与国际国内现有砌砖系统不同，首次把机器臂自动砌砖与砂浆打印结合在一起，形成全自动砌砖及3D打印砂浆一体化智能建造系统；并在世界上首次把"自动砌筑系统"运用于实际施工现场，建成一座"砖艺迷宫花园"（图8-6）。自动砌筑系统由机器臂及控制系统、吸砖器（真空吸盘）及气泵控制系统、砂浆打印前端及泵送系统、砖块传送台等构成。该系统改变了一般的抓具抓砖方式，而是采取了由气泵控制的吸砖器吸砖的方法，可以用于砌筑任意形式的砖块排列图形而不至于碰撞；同时，砂浆打印可以更精确地定位涂抹砂浆；该系统的机器臂前端把吸砖器与砂浆打印前端通过一个金属构件复合成一体，因而砌砖与砂浆涂抹可以形成连续的工序。

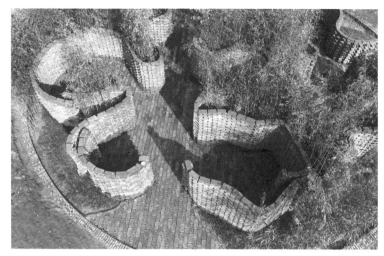

（a）施工现场

图8-6 清华建筑学院砖
艺迷宫花园
［来源：清华大学（建筑学
院）—中南置地数字建筑联
合研究中心提供］

（b）局部场景

数字拼装目前还受到机械臂本身操作范围的限制，并且由于用于砌筑的机械臂都是固定的，给建造带来许多不方便的地方，可移动的机器臂系统将有待研发，它的操作范围将更大，工人只需按下控制键盘，机器臂就能根据指令行走到相应位置进行安装，这将大大减少人工，依靠数个机器人协同工作将在更大程度上提高生产加工效率。

8.2.5　三维打印

三维打印是一种增材快速成型制造技术，它是以数字模型文件为基础，运用粉末状可粘合材料，通过逐层叠层打印的方式来构造物体。1986年，Charles Hull开发了第一台商业3D打印机；1993年麻省理工学院获3D印刷技术专利；1995年美国ZCorp公司从麻省理工学院获得唯一授权并开始开发3D打印机。3D打印机常在模具制造、工业设计等领域被用于制造模型，但目前却发展成各行各业均试图用这一技术进行产品的生产，如3D打印珠宝首饰、3D打印服装鞋帽、3D打印食品、3D打印人类肢体等，它的发展将不仅作为生产工具，而将成为一种崭新的生产方式，甚至彻底改变社会组织形式，推动生产力的提高及社会关系的进一步重构。不同类型的三维打印技术见表8-7[141]。

不同类型的3D打印技术　　　　　　　　　　　　　　　　表8-7

类型	累积技术	基本材料
挤压	熔融沉积式（FDM）	热塑性塑料，共晶系统金属、可食用材料
线	电子束自由成形制造（EBF）	几乎任何合金
粒状	直接金属激光烧结（DMLS） 电子束熔化成型（EBM） 选择性激光熔化成型（SLM） 选择性热烧结（SHS） 选择性激光烧结（SLS）	几乎任何合金 钛合金 钛合金，钴铬合金，不锈钢，铝 热塑性粉末 热塑性塑料、金属粉末、陶瓷粉末
粉末层喷头 3D 打印	石膏 3D 打印（PP）	石膏
层压	分层实体制造（LOM）	纸、金属膜、塑料薄膜
光聚合	立体平版印刷（SLA） 数字光处理（DLP）	光硬化树脂 光硬化树脂

建筑领域也不例外，通过3D打印可以制造建筑构件甚至建造房屋，可打印材料包括陶土、砂子、金属、塑料、玻璃、混凝土等。特别是3D打印混凝土建造技术的发展，它可以经济、快速、高质地建造房屋；同时它可以方便地打印建造非线性形态的建筑，从而满足日益增长的个性化生存空间的要求。

1. 混凝土三维打印

这一建造技术最先由美国南加州大学（USC）的比洛克·霍什内维斯教授及其团队研发，他们主要研究了房屋主体结构打印问题，并提出了"在月球等其他星球快速建设房屋"的设想；轮廓工艺（Contour Crafting）则是霍什内维斯教授团队开发的主要打印设备，它以混凝土作为打印材料，通过计算机控制打印头的材料挤出量及挤出的位置，打印头两侧附带的刮铲按照程序控制伸出或缩进，抹平边缘形状，混凝土材料像牙膏一样层层堆叠，最终成型（图8-7）。目前该团队正与美国宇航局NASA合作，计划通过收集火星表面的砂子、岩石作为材料，在火星建造居所[142]。

2014年4月，中国的上海盈创装饰设计工程有限公司在上海张江高新青浦园区，利用混凝土分层挤出技术，每层打印厚度约为20mm，将水泥、玻璃纤维、建筑废渣等混

图8-7　轮廓工艺（Contour Crafting）
（来源：2006年ABB建筑展提供）

图8-8　3D打印房屋
（来源：ABB提供）

合后作为打印材料，在24小时内打印出了房屋的主体结构，作为当地动迁工程的办公用房。为节约材料减轻重量，每层打印出墙的内外边界，墙的截面采用之字形，留出的空腔起到一定的隔热作用，也可以再将泡沫块等保温材料填入空腔提高保温效果（图8-8）。

　　清华大学（建筑学院）中南置地数字建筑研究中心突破性地研发出机器臂协同弯曲打印技术，并运用于上海智慧湾步行桥（3.6m宽，26.3m长，14.4m拱跨）的实际工程。该桥梁由44块弯曲结构构件（每块0.9m×0.9m×1.6m）装配形成桥拱作为主体结构承受荷载，由64块曲面板（1.4～2.3m高×0.8m宽×0.3m厚）拼装成桥栏板，由68块弯曲的脑纹珊瑚图形板（1.0m宽×1.4m长×0.05m厚）铺砌桥面，2018年2月建成时被认为是世界上最长的混凝土三维打印建造的桥梁。这些成果及将会取得的深度研发成果，将导致一种全新的建筑或构筑物类型出现在人类社会之中（图8-9）。

　　2. 陶土三维打印

　　三维陶土打印大大简化了传统制陶繁锁的方法，与其他材料的打印方法一样，它将软件生成的形体进行打印路径设计，并通过一定格式的文件传输给3D打印机便可以打印所需的产品。陶土的特点是材料便宜、易于储存，且它的流变性相对易于掌控。荷兰设计师奥利维尔（Olivier van Herpt）开发了一台高约1.7m、三角支撑式的陶土3D打印机（图8-10），具有较高的精度，该机器可以打印高80cm、横向尺寸40cm的产品；这一打印机还设置了与陶土性质相关的参量和变量，在打印时可以随时暂停，加入手工元素，进行机器与人的协同工作；同时在自动模式中，该打印机还加入随机信息，可微调打印轨迹，最后打印出别致的产品[143]。

加泰罗尼亚高等建筑学院（IAAC）的Brian Peter设计了一种名为比特建造（Building Bytes）的技术[144]，也采用了陶土作为打印材料，他改装了一台3D打印机来打印陶土砖。控制设备仍然使用常见的FDM打印机结构，只不过打印材料换成了一个陶土，陶土被装在一根管子中，用步进电机加压挤出，一层层叠加成为最终形体，叠层陶土的层高大约2m（图8-11）。他设计并打印了三种陶土砖，砖块有锯齿状连接作为构造。

3. 粉末三维打印

粉末粘结技术（3DP）最初由麻省理工学院的萨克斯（Emanual Sachs）等人在1993年开发[145]。这种技术的原理是用一个喷墨打印头在计算机控制下，在粉末上喷射液体胶粘剂。每喷完一层，成型缸下降一个距离，供粉缸上升一高度，从供粉缸推平一些粉末到成型缸，铺上一层薄薄的粉末。如此反复地打印、送粉、推粉，直到产品制作完成。最后将没有打印到部分去除掉。在这种技术中，材料的选择十分重要，一般可以选择石英砂、陶瓷粉末、石膏粉末、金属粉末等作为填料主体；有时还需加入一定粉末助剂，增加润滑性和滚动性，利于铺粉均匀，比如氧化铝粉

图8-9　清华建筑学院3D打印的步行桥
［来源：清华大学（建筑学院）—中南置地数字建筑联合研究中心提供］

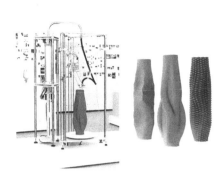

图8-10 3D陶土打印机[143]

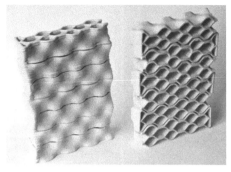

图8-11 Brian Peter 3D打印的陶土砖
（来源：ABB提供）

末、可溶性淀粉、卵磷脂等；而胶粘剂需要黏度低，面张力适宜。

意大利工程师蒂尼（Enrico Dini）发明了名为D-Shape工艺的打印方法[146]。这一工艺的打印机有6m×6m大小，打印架上有300个喷嘴，每个相距20mm，由于喷嘴有缝隙，为了填满这段距离，打印架还可以朝着其正常运动方向的垂直方向运动。粉末层高大约5～10mm，胶粘剂的精度是25DPI（1mm）。打印的粉末使用沙子混合了氧化镁，其中沙子是成形粉末，氧化镁是粉末助剂，用于与胶粘剂反应；胶粘剂使用了水溶氯化镁。这样胶粘剂呈酸性，粉末呈碱性，二者可以发生中和发应，胶粘成型粉末。由于叠层打印而成，产品表面能清晰地看到层与层的叠层线（图8-12）。

4. 玻璃三维打印（G3DP）

玻璃三维打印是由MIT媒体实验室研发的一个项目，它是一个用于打印光学透明玻璃的加法制造平台（图8-13）。这个平台基于双重仓体构成，上层仓是一个加热仓，作为一个干燥的暗盒放置原材料，下层仓用来进行退火。干燥暗盒在接近华氏1900℃的条件下操作，并且能够容纳足够的材料来建造一个独立的产品，融化后的材料从上层仓流经漏斗形的喷嘴到达下层仓成型，喷嘴由氧化铝—锆石—二氧化

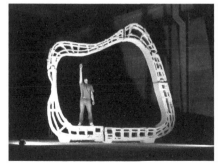

图8-12 意大利蒂尼D-Shape 3D打印
（来源：ABB提供）

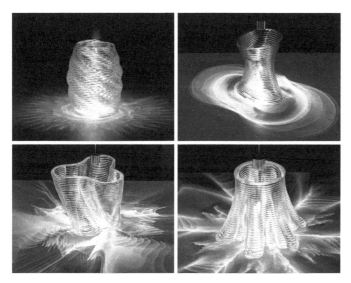

图8-13　玻璃三维打印产品展示
（来源：John Klein提供）

硅复合材料做成。该研发小组由介导物质组、机械工程学院、玻璃实验室以及Wyss学会合作组成；研究人员包括：John Klein，Michael Stern，Markus Kayser，Chikara Inamura，GiorgiaFranchin，Shreya Dave，James Weaver，Peter Houk以及NeriOxman教授。

5. 塑料三维打印

塑料三维打印通常使用ABS或者PLA塑料，并运用熔融沉积成型（Fused Deposition Modelling）方法叠层成型。这项技术是20世纪80年代由普立得公司（Stratasys）的克伦普（S.S. Crump）发明，并在90年代商业化的。随着这项科技专利的过期，近年来多个活跃的开源社区与商业公司利用这种技术制造了多种桌面级3D打印机。此技术首先加热热熔性材料，比如塑料、玻璃等，使材料温度超过熔点成为液态胶状物。然后通过计算机控制的运动机件与喷嘴挤出热熔的材料，一层层涂抹，直到累积成目标三维实体。这种技术对材料有所限制，一般必须是制作成丝状材料才能被挤出机挤出，如ABS或者PLA塑料即制造成线材使用。挤出时对温度的控制也比较严格，如果温度过高，可能导致材料流动性变差堵塞喷嘴；如果温度过低，则可能根本无法挤出，但因其较为环保，所以是目前最为普及的桌面级3D打印机技术。

2015年清华大学建筑学院于雷、徐丰运用FDM技术及PAL材料打印出世界上最大的3D打印亭子"火山"（VULCANO）（图8-14），同年9月获得吉尼斯世界纪录。该构筑物长8.08m，高2.88m；它呈120°中轴对称，由100块3D打印的模块单元拼接而成；工作团队由20位工作人员组成，历时一个月完成设计、加工及建造。

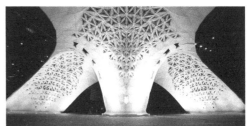

图8-14　3D打印亭子VULCANO
（来源：于雷提供）

　　三维打印技术为建筑建造提供了新的方式，它连接了建筑设计、加工、施工形成建筑产业链；在3D打印机中输入建筑模型代码，可以直接打印出建筑构件或完整的建筑。其优点显而易见，三维打印技术可以降低建造成本、缩短建造工期，它省去模板制作、钢筋绑扎等工作，根据估算可节约建筑材料30%～60%，缩短工期50%～70%，减少人工50%～80%，使建筑总成本节省50%以上。再者，三维打印可以利用工业废料作为原材料，起到节约材料的作用，且产生的建筑垃圾较少，它对场地的占用以及给周边带来的交通、噪声、粉尘等影响也较小。此外，三维打印由于采用现场直接打印的方式，省去工厂加工以及构件运输的环节，可弥补装配式建造的不足之处。另一方面，三维打印适合复杂形体的建造，按照传统的建造方式，非标准混凝土构件制作或现浇混凝土施工中，模板的制作是技术上最大的难题，并且需要投入巨大的成本，但三维打印可以直接打印出所需要形状的构件或建筑单体，便于施工。

　　但三维打印建造也存在着许多急需解决的问题，由于目前它还处于进一步研发阶段，很多建筑中常见的问题还有待解决，比如，建筑外墙的保温、防水等与打印方式的配套；目前3D打印建筑主要应用于低层建筑的建造，在多层及高层建筑中应用的技术还有待开发，特别是对材料和打印工艺的研发；再如利用多种材料协同打印，即由软件系统控制多个打印头协同工作，可以满足更多建造的要求，这一技术也有待开发；此外，打印设备如机器臂或打印机桁架为了高效工作应该可以移动，解决了设备的自动挪移问题，三维打印将进一步实现建造的自动化。

8.2.6 数字测量工具

建筑的精度测量不仅是检验静态状态下建筑构件的尺寸，并通过相应的方法调整误差。它还包括一个时间段内对建筑变形的监测，通过对测量结果的分析，对变形的趋势进行预测以及应用技术手段控制变形。

在传统施工过程中，建筑定位测量都是依靠卷尺、铅垂线等工具，由于操作简便，直到现在，在小尺度建造过程中，如房间的室内装修，它们仍是最常用的测量定位工具，但这些工具具有较大的局限性，如受测量人员个体行为影响较大，测量的范围也较小，容易受到遮挡物的干扰等。20世纪80年代以来，光电测距仪、数字水准仪、数字全站仪等先进的测量工具和技术开始应用于建筑工程中，大大提高了测量的效率，提高了测量精度和范围。目前依靠卫星系统的GPS定位技术，以及最新的三维激光扫描技术，为建筑测量提供了操作更简便、更高效精确的方法，能够对建筑构件的误差、变形有更好的监测，并能及时发现问题和解决问题。

1. 地面测量仪器

地面测量仪器包括光电测距仪、电子经纬仪、数字水准仪、数字全站仪等，使用这些数字定位测量工具，配合卷尺、水平尺、铅垂线，是目前建筑建造中常见的定位测量方法。光电测距仪用于测量两点间距离，适合在地面不平整、障碍物较多、使用卷尺不易拉直时使用；电子经纬仪用于测量水平角和垂直角，配合卷尺或光电测距仪进行放线定位，由于有了测量角度和长度功能的数字全站仪，经纬仪的使用逐渐减少；数字全站仪是集测量水平角、垂直角、距离、高差多项功能于一体的高技术测量仪器；数字水准仪是专门测量高差的仪器，精度比全站仪还高。目前数字建筑建造中常使用数字全站仪作为定位测量仪器，数字水准仪进行地形高差的测量，卷尺、水平尺、铅垂线等工具用在小块构件和室内装修的放线定位中。

2. GPS定位系统

全球定位系统（Global Positioning System，GPS）最早由美国军方研制用作侦察、导航等军事用途，GPS技术克服了传统地面测量易于被复杂地形、障碍物或恶劣天气等造成测量困难的缺点。目前GPS测量技术主要用于大跨建筑或高层建筑的放线定位与变形监测中，有着高精度、高效率、操作简便的优点，利用GPS进行放线定位，数据测定和分析都由计算机完成，避免了人为误差的产生，施工控制网的基点选择约束也比较少，不需要基点之间相互视线贯通。

3. 三维激光扫描

三维激光扫描技术是20世纪90年代中期出现的新技术，是继GPS定位技术之后在测绘领域又一项重大技术革新。三维激光扫描系统由三维激光扫描仪、计算机控制器和电源供应系统三部分组成，三维激光扫描仪在较短的周期内不断发射激光束，激光接触到被测物体会返回仪器，由仪器根据返回的距离和时间计算出被测物体的三维坐标。三维激光扫描在建筑上有多种用途，如设计阶段的物理模型扫描，盖里就常常先用手工制作物理模型，然后通过三维扫描的方式将物理模型以点云的形式输入计算机中，再进行形体的重建和深化设计；再如在加工和施工阶段，对加工完成的构件或组装完成的建筑进行三维扫描，可将得到的点云输入计算机中与设计模型进行对比，误差在规定范围内才能进行下一步工序；还有在改造项目中，为了能够准确了解旧建筑的定位、几何特征等方面的信息，可以使用三维扫描仪对旧建筑进行整体或局部扫描，然后将点云输入计算机进行建筑形体的重建，并在此基础上设计加建部分，马克·贝瑞就是使用该技术对高迪设计的圣家族教堂的石材构件进行三维扫描，并通过参数化设计方法重建扫描的构件，为继续设计圣家族教堂未建成部分提供参考。

第 9 章

数字建筑设计建造的精度控制

9.1 设计误差的来源

设计形体与建成的建筑物之间的差异即为"误差"，把误差减至最小是建筑高质量的标志。数字建筑从设计到建造过程的一系列环节中，存在多种因素会影响到误差。本章将通过设计实践及项目实例的分析，探究影响误差的复杂因素及关键环节，如设计形体的几何关系、构件的分块及尺寸、构造节点的弹性设计、设计文本与加工手段的结合、设计文本与施工方式的对应等，并阐述各个环节的控制要点，介绍控制误差的系统方法。

设计阶段的误差是指从方案设计到施工图设计阶段中各个设计环节工作交接，或设计与加工对接时，产生的两个环节间模型或数据信息的差别。在设计阶段，由于软件建模原理和运算机制问题，可能造成有些设计软件在建模或文件传输过程中会出现模型信息的改变而产生误差，比如建筑专业将模型提交给结构专业进行设计，结构专业再将结构分析结果反馈给建筑专业时，因为两个专业使用的软件的建模原理和运算机制不同，在结构软件中完成的结构模型与在建筑软件中导入的模型会有差别，由此产生的误差需要通过技术手段尽量减小。同时在设计阶段，需要提前预估建造阶段可能出现的

① 本章由李晓岸著。

误差，包括材料变形、技术工艺等造成的误差，凭经验预估的误差会与实际材料变形产生的误差之间存在差别等。本章从设计软件的误差、不同软件间信息传递的误差、材料工艺的设计误差、设计预留误差等方面，详细阐述设计阶段误差的来源。

9.1.1 设计软件的误差

设计软件的误差是由软件建模和运算机制引起的计算机模型在创建过程中发生的模型信息的改变。这类误差会造成设计模型本身就不精确，需要在设计中尽量避免或减小误差。设计软件的误差包括：建模原理影响、建模精度设置影响、建模命令运算精度影响等方面。

1. 建模原理影响

计算机建模的第一步是选择合适的软件进行设计建模。不同三维建模软件的建模特点不一样，比如同是适合三维曲面建模的软件Rhino和MAYA，前者主要基于NURBS建模原理，以解析几何的方式采用曲面方程准确描述曲面形状；后者主要基于多边形建模原理，以微分几何的方式采用三角形或四边形细分曲面近似描述曲面形状。同样采用拖拽控制点的方式将球变形，Rhino（图9-1）和MAYA（图9-2）的细分曲面反映出各自建模原理的特点，Rhino中的变形球

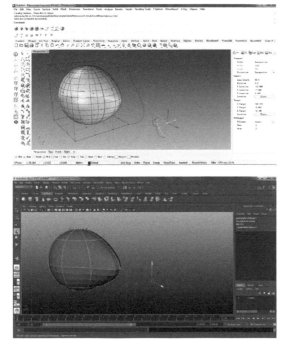

图9-1　Rhino曲面建模
（来源：李晓岸提供）

图9-2　MAYA曲面建模
（来源：李晓岸提供）

的细分曲面仍然是曲面面片，而MAYA中变形球的细分曲面则为三角形和四边形面片，二者形状是有差别的。当MAYA中细分的密度越大，二者差别越小，由三角形和四边形面片组成的多面体越接近于曲面，反之差别越大。这就涉及建模精度设置的问题。

2. 建模精度设置影响

多边形建模采用三角形或四边形细分曲面，然后通过移动、旋转或放缩控制点、线、面的方式调整曲面形态，曲面分得越细形态控制越精确，但计算量越大，运行速度越慢，同时因为控制点增加会导致建模和调整曲面难度增加，所以在设置曲面细分精度的时候，需要平衡细分数量、建模难度和运行速度之间的关系。用Rhino和MAYA分别建模时设置不同的细分数量，球体形态产生区别（图9-3）。

3. 建模命令运算精度影响

对建筑形体进行建模是通过建模软件的命令实现的，在建模软件中输入数据或形状，运行命令即可得到对应的结果，比如在软件中点击圆心的位置，输入半径的大小就可以画出一个圆，其中一些命令本身就是一个近似处理的过程，比如在加工曲面金属板之前，需要知道曲面展平的形状来进行下料，对于不可展曲面一般采用将曲面细分成小平面的方式进行拟合，在展开后曲面的面积会发生变化，如通过Rhino的曲面展开命令（Unroll Surface）将曲面展平（图9-4），由于命令运算机制原因，展平后的曲面面积增大了5.80%。实际对曲面下料过程中，会考虑材料属性、厚度等因素，根据经验适当将设计求得的展开面放大一点，保证用料充足，曲面弯曲成形后再切掉多余的边缘，但同时要考虑切掉的材料尽量

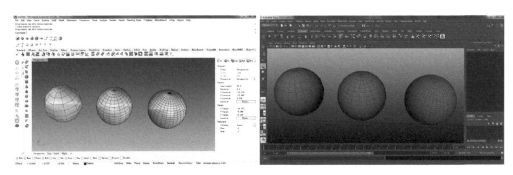

图9-3 网格精度设置的影响
（来源：李晓岸提供）

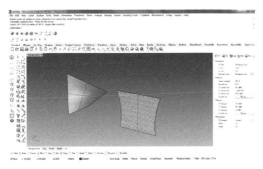

图9-4　软件建模命令运算精度的影响
（来源：李晓岸提供）

少，以减少浪费。

软件本身误差需要通过选择合适的建模软件、正确的建模方法和建模命令等方式尽量降低，为建造提供一个准确的参考模型。

9.1.2　不同软件间信息传递的误差

不同软件间信息传递的误差是由于不同软件建模原理和运算机制不同，造成在信息输入输出的交换过程中出现了模型或数据信息的改变。在同一平台下的软件之间相互导入导出设计模型，不会发生信息出错或丢失信息的情况，比如在基于Revit平台的Revit系列各专业软件相互导入导出时不会发生错误。

不同BIM软件之间常用的文件交换格式为IFC格式，原芬兰IAI主席Kiviniemi曾在报告中指出：经过一系列软件测试，当今即使是IAI认证过的BIM软件在导入导出IFC格式模型时，也会出现建筑信息丢失或出错的情况[147]。

美国斯坦福大学在对ArchiCAD软件IFC格式模型的兼容性进行测试时，发现在不同位置建立的相同的建筑构件，导出的IFC模型却不一致。包含有窗户、照明等属性的建筑构件的IFC模型在导入ArchiCAD后，只留下几何信息，构件的属性信息却丢失了[148]。为解决以上问题，一方面需要软件研发机构对软件的兼容性进行提升，保证建筑信息能够准确无误地传递；另一方面要求不同专业的设计人员在选择设计软件时，尽量使用基于同一平台的系列软件，比如各专业设计建模都使用Revit系列，或都使用Bentley系列，尽量不混合使用。

使用三维曲面建模软件进行形体搭建及性能模拟时，经常会利用多种软件进行。因为性能模拟软件主要侧重于模拟计算，建模功能相对较弱，一般使用Rhino、MAYA等三维曲面建模软件输出3ds或obj等网格模式的模型到模拟软件中进行计算。

输出时就会涉及网格密度设定的问题，因为网格是由四边形和三角形组成近似拟合曲面，网格密度设置越高，输出模型越精确，但同时模型量及模拟软件的计算量也越大，计算速度就越慢；网格密度设置越低，输出模型越不精确，但模型量和计算量都比较小，计算速度很快，比如使用Rhino软件将一个球体输出成网格文件（图9-5），网格密度越小，生成图形的控制线（黑色）与原来曲面球体的控制线（黄色）差别越明显。这种情况需要综合考虑模型输出精度和计算速度问题，输出的模型精度能满足模拟软件的计算要求即可。

使用传统方法进行结构性能模拟和计算时，结构工程师往往根据建筑师提供的平、立、剖面，在结构分析软件如SAP2000、MIDAS、ANSYS等软件中重新建立结构计算模型。对于一般建筑而言，这些软件基本能够满足建模要求，但对于形体复杂的建筑，一方面软件本身无法建立准确的复杂曲面模型，另一方面结构工程师的建模能力常常达不到一定要求，这就造成分析计算模型本身存在很大误差，计算结果也会受到影响。国际知名事务所应对这类问题的方法通常由建筑师在Rhino或CATIA中，根据结构工程师的要求建立结构分析模型，模型中去除和结构分析无关的建筑构件，比如门窗用门窗洞代替，从而降低结构分析计算量。最好的办法是通过编写程序，实现建筑建模软件中的设计模型信息可直接传输到结构计算软件中，只需在结构软件中进行网格划分，然后便可进行分析计算，这样可以减小性能模拟计算与建筑设计模型的传递误差。

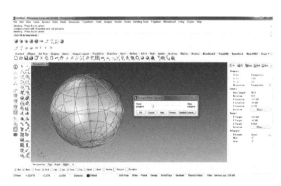

图9-5 软件输出格式精度的影响
（来源：李晓岸提供）

9.1.3　材料工艺的设计误差

材料工艺的设计误差和材料工艺的误差是两个概念，材料工艺的误差指构件的实际尺寸与构件设计尺寸的差别，是实测值，而材料工艺的设计误差是指通过计算或模拟求得的材料工艺的误差，与建成后实际测得的材料工艺的误差的差别，是理论值。可以理解成"材料工艺的设计误差"是"材料工艺误差"的误差。

对于小型及刚性比较大的建筑而言，因变形较小，材料工艺的设计误差常常在设计中忽略不计，但对于大跨或高层建筑，从施工过程到建成使用，建筑构件因为自重、温度等因素会发生较大的变形，这些变形需要在设计中进行考虑。比如使用ANSYS软件对国家大剧院的钢壳体进行结构荷载计算，壳体在结构自重作用下的最大变形为 Z 向（竖向）143mm、X向83mm、Y向20mm；壳体在所有恒载作用下的变形为Z向（竖向）191mm、X向98mm、Y向32mm[149]。如果忽视这个巨大的变形，从建筑角度看，它会影响整个椭球形态的连续性，同时与钢结构相连接的构件也会出现连接不上的问题；从结构角度看，大的变形会使结构变得脆弱甚至出现坍塌[150]。为减小壳体变形带来的不利影响，建造时可采取壳体钢构件的预变形措施，使得建成变形后的壳体达到设计的预想状态，而其他构件也能准确与钢结构连接。

但从另一方面看，由于结构设计是理想情况，得到的预变形结果是理论值，与实际变形之间存在设计误差，比如大剧院钢壳体完工后进行了精度测量，结果反映实测变形值和理论值的最大差值为 ± 23mm，仍然存在这一误差。当然这一误差满足设计时制定的《国家大剧院壳体钢结构安装质量验收标准》中允许偏差的要求[151]。实测和理论的差值越小，说明材料工艺的设计误差越小。

经验评估和软件模拟都是基于已有的建成案例获得的经

验数据，它是通过经验数值或计算模拟获得变形量，并在设计模型中反映出来。为了减小材料工艺的设计误差，一方面需要通过对已有数据详细分析，推导出科学的算法，由经验数值或计算机求得尽可能接近真实情况的变形量，另一方面采用先进的技术方法和严格的管理措施，保证建造时构件的变形符合设计预想，避免出现不可控的变形。

9.1.4　设计预留误差

设计预留误差是在设计过程中，根据以往经验为构件变形与施工安装变形等提前预留余地，设计时可通过构造设计来实现，比如在幕墙的设计中，将外墙金属板与背后的龙骨之间空开10mm的距离，用于调整金属板之间的误差，不同位置的外墙金属板与背后的龙骨之间的距离会不同，可能变成$10 \pm 2mm$，但目的是为了金属板外表面平整。设计预留误差即指这个调节过程所需要的距离的变化值，即$\pm 2mm$，它是一个误差的范围。

设计预留误差具有积极意义，它不是简单地减小误差或消除误差，而是通过构造设计，调节一定范围的误差量来达到设计要求。再以曲面幕墙为例进行讨论，在建筑建造过程中，因为技术或构件本身变形等原因，会造成组成曲面的构件单元安装后的位置与设计位置有误差，并且各处构件位置的误差大小不一，看起来整体曲面不平滑连续。为了解决这一问题，经常会在设计时预留距离，通过小幅度调节构件单元的位置来保证曲面连续。这样，虽然每一个构件单元的位置与设计位置并不完全吻合，但从整体上看，组成的曲面是平滑连续的。因为人眼一般通过对比来感知建筑的精度，对相对误差的敏感度要高于绝对误差[152]，所以对于平滑连续的表面，即使实际每处都会存在一定的误差，也会感觉比只有个别处有误差但曲面不平滑的情况更精致。

建筑立面分缝通常用来调节误差。留缝一方面起到了释放构件变形产生的应力、增加建筑细节、提高感知精度的作用，另一方面可以用于消除构件单元加工产生的误差。一定宽度的缝对误差的调节作用是有限的，比如宽10mm的缝，可调节的范围在±2mm时，缝的宽度从8mm到12mm，人眼还不易分辨出来；当调节的范围在±5mm时，缝的宽度从5mm到15mm，最大和最小宽度的缝差别很容易被识别出来，就显得比较粗糙，过大的缝会给人粗糙的感觉。所以通过设计分缝来预留误差调节余地，需要根据情况设置合适的范围，这样可以达到调整误差，同时提高建筑感知精度的目的。

9.2　设计误差的控制

针对上节所述的设计阶段的误差来源，解决误差的方法一方面要在设计阶段遵从相应的设计原则，来减小设计软件本身造成的误差，另一方面要通过提前预估误差及设计供误差调整的构造措施，从而减少加工和施工阶段可能出现的误差。

9.2.1　提高精度的设计原则

为应对设计软件本身及模型传递过程中造成的误差，需要在设计的各阶段选择合适的软件进行建模；在模型信息传输过程中，选择相互兼容性好的软件及合适的转换格式；在建模过程中设置正确的参数，科学地使用软件命令进行模型的搭建。

1. 在设计的各阶段选择合适的软件进行建模

首先讨论概念方案设计阶段的软件选择，以Rhino进行NURBS建模为例，主要是通过曲线经过挤出、扫掠、放样等操作，精确地生成曲面，但在生成曲面后，需要将曲面围合成体，这时经常会发生不同曲面接合处不连续、出现拐点的情况，采用NURBS建模方法比较难处理这种问题，而多边形建模方法对形体的控制比较自由，曲面更加平滑流畅，更适合进行复杂三维曲面的找形，通常可用MAYA、3Dmax、Rhino的TSpline插件进行多边形建模。所以很多事务所（如扎哈事务所、MAD等）的设计流程是利用MAYA的多边形建模方法生成多个复杂的雏形后，优选出一个或几个方案，提取出它们的特征曲线，导入Rhino或Digital Project中再进行曲面的重建工作。

在初步设计阶段，如果选择NURBS建模方式，可以使用参数化编程功能的软件，如Rhino结合Grasshopper、Digital Project等，对曲面进行精确建模，并且利用参数化编程对形体进行优化、细分，使曲面单元能够加工制造。

在施工图阶段，选择BIM系列软件时，可选用Revit、Digital Project等进行三维建模，他们可以保证各专业之间的模型不出现相互冲突，然后通过BIM模型自动生成二维图纸，遇到需要修改的情况，直接修改三维BIM模型，二维图纸会自动进行更新，省去了应用传统设计方法时需要人工检查图纸的麻烦，可以保证各图纸之间不出现相互矛盾的情况。

2. 选择相互兼容性好的软件及合适的转换格式

虽然目前很多软件支持三维模型格式，如3ds、obj、IFC等文档的输入和输出，但在输入输出过程中还是会出现模型信息的丢失、错误及精度下降等问题。这是因为不同软件之间的文件兼容性不好所造成的。设计师在设计过程中，尤其是专业协同要求较高的施工图设计阶段，最好使用同一系列的软件进行各专业的设计，比如各专业都用Revit系列软件，或都用Bentley系列软件。因为同一系列的软件存储格式都是各自统一的标准格式，比如Revit系列软件都是rvt格式，Bentley系列都是dgn格式。同一系列软件之间的兼容性最佳，基本不会出现模型信息出错的情况。当然，对于软件开发商来说，需要进一步增强不同软件间的兼容性，保证模型信息传递的准确性。

另一方面，在使用三维建模软件导出模型时，尽量选择不改变模型精度的格式，比如从计算机输出用于数控加工的构件模型常选用IGES格式，较少选用会改变模型特征、降低精度的3ds、obj等网格格式。

3. 科学使用软件命令

选择了合适的软件，如何科学地使用软件建立模型，是设计阶段提高精度的关键。建模是通过建模软件的菜单命令来实现建模操作，每个菜单的后面都是一个算法。在建模软件中输入命令时，由于所选的命令本身就是一个近似处理相关问题的手段，所以与需要的结果之间会存在误差，比如使用Rhino中曲面展开命令展开不可展曲面时，展开后的平面跟原曲面相比，面积会发生变化。出现这种情况需要判断产生的误差是否可忽略不计，如果不是，则可以通过编程自行编写产生误差更小的命令，比如增大细分面的数量可以使拟合更加准确。

所以设计人员需要提高建模水平，选择合适的命令及顺序进行建模。当软件现有命令不足以满足要求时，可以通过编程手段对软件进行二次开发，自行创造更科学的建模命令。

9.2.2　根据误差范围进行设计

根据误差范围进行设计分为两个阶段，第一，通过经验估算或软件模拟，求得建筑构件因建造阶段的变形、材料本身质量、加工工艺、加工工具、施工安装、测量定位等各方面因素造成的误差范围；第二，由设计、加工、施工等多方经过协商，根据误差范围选择合适的方法去应对，比如通过构造或提前采取预变形措施等。

对于复杂度较高的建筑来说建成案例比较少，再加上各个工程特色分明，差别很大，所以经常会遇到现有经验无法预估误差范围的情况，这时需要根据实际情况，创造新的工艺方法来估算误差范围。比如可以制作1∶1等比例局部模型进行实验，一方面检验建造的可行性，另一方面测试材料工艺等因素造成的误差范围是多少，并以此为依据对设计进行优化调整，例如XWG工作室设计的武汉凯迪合成油主门卫，采用纤维增强复合材料FRP作为曲面屋顶材料，因为当时是首次在国内应用FRP作为建筑外围护材料，所以没有成熟的参考案例，为了能够了解曲面屋顶构件建造方法的可行性，以及构件的制作误差、力学性能等方面特征，在实际开始批量加

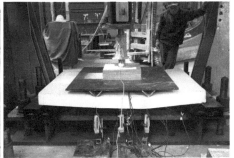

图9-6 FRP构件单元样品制作及力学性能实验
（来源：李晓岸提供）

工构件单元前，首先挑选了曲率变化最大的一块单元进行样品制作，并进行了破坏实验（图9-6）。由此了解了FRP屋面板构件的制作工艺、误差、变形、性能等方面情况后，再对设计进一步优化，一方面留出一定缝隙作为误差调整的空间，另一方面对连接FRP屋面板的节点尺寸、精度、工艺等方面提出要求。

根据误差范围选择合适的应对方法进行设计，不是单方面提高加工精度，而是需要综合考虑建成精度、实施可行性、项目工期、工程预算等多方面因素，比如在国家大剧院外壳的设计和建造过程中，为减小钢壳体变形带来的不利影响，采取了壳体钢构件的预变形措施。通过模拟软件计算求得壳体在所有恒载作用下的变形为：Z向（竖向）191mm、X向98mm、Y向32mm。国家大剧院的外方设计单位法国著名建筑师保罗·安德鲁（Paul Andreu）领衔的巴黎机场设计公司（Aeroporots de Paris，ADP）提出按照理论计算变形值，三维反向推导预变形。但在实际操作中，三维预变形处理实施难度和代价都非常高，中方钢结构设计施工单位上海市机械施工有限公司经过可行性方案比较，提出并最终实行的预变形方案为，在保持环梁及梁架平面状态不变的前提下，仅对上段梁架做竖向预变形，变形平均为170mm，采用单向起拱的方式取代了复杂的三维预变形[149]。

根据误差范围进行设计，要求设计师在设计阶段就提前与加工方、施工方进行交流，了解构件的加工、安装的工艺方法及精度等情况，进一步增强设计与建造之间的联系。

9.2.3 供误差调整的构造设计

为了应对材料变形、制作工艺、施工拼装等方面产生的误差，经常会在设计时预留一部分空间，通过供误差调整的构造，小幅度调节构件单元的形状或位置，使得建筑精度满足设计要求。特别是对于大型的建筑，每个构件单元微小的误差经过累积可以达到非常惊人的误差，造成建筑无法交圈、合拢，甚至出现破坏、坍塌的情况。为避免这类情况出现，应在每个构件处设置供误差调整的构造，或是将建筑分为数个区域，在每个区域内设置一个或多个供误差调整的构造，使得区域内累积误差在各自区域内得到消除。

误差调整构造需要根据构件的类型、要调整误差的大小、建筑的外观效果等方面进行设计，尽可能用最简单易行的构造方式调整或隐藏误差，主要包括采用建筑分隔缝调节、螺栓调节、套管调节、误差隐藏等方式。

1. 分隔缝调节

建筑的分隔缝是最常见的预留误差调整构造的形式。这里提到的缝，是指在两个构件单元间留出一定空间或是在之间填充软性的材料（如结构胶）。留缝主要有三方面作用：一是为由于温度、自重等因素造成的构件单元变形提供一定的变形空间，释放变形挤压产生的应力；二是为大尺度的建筑表面增加细节，提高感知精度；三是通过分缝来消解构件单元的加工误差。

这三方面作用在玻璃幕墙缝的设置中体现得尤为明显，因为玻璃是刚性材料，而且挤压易碎，玻璃与玻璃单元间常用结构胶填充，同时起到防水、隔热的作用。

2. 螺栓调节

螺栓调节是通过调节隐藏在构件单元后面的螺栓的长度来调节构件的位置，常应用在曲面板材的调节中。一般曲面板是通过螺栓连接在后面的龙骨上，龙骨和曲面板之间会为螺栓调节预留出一定距离，比如盖里在美国洛杉矶设计的迪士尼音乐厅的不锈钢板外立面，通过螺栓连接在钢龙骨上，钢龙骨再通过螺栓连接在主体钢结构上。由于曲面的板材会因为变形或加工精度不够等原因，导致在相邻的板材间出现不均匀的缝隙，通过位于不锈钢板内侧的螺栓构造，可以调节板的位置，缝隙较大的地方拧紧螺栓，缝隙较小的地方松弛螺栓，使得不锈钢板搭接的缝隙均匀一致，从整体上看外立面是光滑连续的曲面（图9-7）。

3. 套管调节

套管调节是通过调节连接两个杆件的套管的位置，调整这两个杆件的位置，常作为杆件连接误差的调节构造。在国家大剧院钢网架的设计中，最初巴黎机场设计公司为了满足预制钛板和玻璃幕墙的安装条件，要求构件安装的允许偏差为±2mm，并且要求全部结构进行预拼装以保证安装质量。但对于长212m、宽143m、高45m的巨型椭球屋顶，要达到这种精度需要耗费极大的财力与人力[150]。为降低建造成本，钢结构设计和施工单位对钢结构的连接节点进行了优化。从原先法国方面提出的利用螺栓和法兰的连接方式，变为利用套管连接，构件与套管进行焊接固定。套管可进行较大范围的移动，调节误差量比较大，降低了构件制作的加工难度，从而降低造价（图9-8）[149]。

4. 误差隐藏构造

误差隐藏构造是利用一些构造设计遮挡住可看到误差的部位。误差仍是存在的，只需在满足建筑功能的前提下，用构件遮挡让人看不到误差，使得建筑看起来更加精致。误差隐藏构造主要有构件相互搭接布置、在构件交接处使用扣板或压条等方式。

构件相互搭接布置是最简单常用的隐藏误差的方式，它不需要额外设置构造节点，只需将构件像中国传统屋顶的瓦片的布置方式一样相互搭接即可。这种措施常

图9-7　迪士尼音乐厅不锈钢板立面的调整构造
（来源：李晓岸提供）

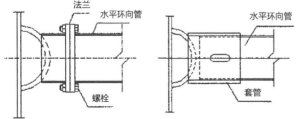

图9-8　国家大剧院钢网架连接节点[149]

用在曲面板的误差隐藏中，在搭接时一般采用上层板压下层板的方式，这样可以使水流不进入板材内侧。它可以保证同一层构件的下边缘是对齐的，上边缘是隐藏在上一层的构件内侧，即使构件因为精度原因造成上边缘不对齐，也不会被人看到，如迪士尼音乐厅的立面搭接拼贴方式就属于这种构造设计。

在构件交接处使用扣板或压条，来遮挡构件交接时出现的误差，比如在室内装修铺地板时，经常会在地面与墙交接的地方设置踢脚，一方面是为了保护墙脚，另一方面是通过踢脚遮挡住地板铺设到墙角时出现的参差不齐的边缘。另一个例子是玻璃幕墙的分隔框架在提供一定的结构加强功能的同时，可以隐藏因玻璃加工误差导致边缘不均的问题，设计精巧的构件还能增加整个立面的细节。

9.3　建造误差的来源

建筑的建造分为构件加工、现场施工、精度测量等阶段。在工厂加工阶段，材料、工艺、加工工具、变形等因素都会产生一定误差，并累积起来反映在每个构件上；在现场施工阶段，每个构件的误差会不断积累，并与测量定位、安装、构件变形等因素产生的误差累积起来，反映在完工的建筑上；在精度测量中，因为仪器、测量方法及测量环境影响，本身也存在一定的误差。建筑最终的误差是通过精度测量结果与设计模型或图纸进行对比而得知。本节从材料自身误差、加工工具误差、构件加工工艺误差、构件变形、测量定位和精度检查误差、施工安装误差等方面，详细阐述加工和施工阶段误差的来源。

9.3.1　材料自身误差

建筑材料分为天然材料，比如木材、石材等，以及人工合成材料，比如玻璃、复合材料等。从自然界直接获得的天然材料是经过自然界的阳光、风、雨等各种外力作用长期形成的，所以材料本身不是均质的，比如天然木材一般不会是规则的圆柱体，并且会有疤节、裂缝等瑕疵；在将天然木材进行二次加工，制作成建筑构件时，需要尽量避免使用有疤节和裂缝的部分，否则也会从材料本身造成设计及建造的误差。

人工合成的材料是人为把不同物质通过化学或聚合的方法制成，材料的性质与原物质已完全不同，如塑料、合金等。合成材料也会因为生产过程中工艺的限制，造成材料本身存在一定误差。比如在制作武汉凯迪合成油主门卫屋顶构件时，采用聚氨酯泡沫作为模具。过程是将液态聚氨酯均匀地喷涂在钢材和玻璃钢型材制作的胎架上，液态聚氨酯遇到空气会迅速凝固，直至形成一定厚度的固态聚氨酯泡沫，再用数控机床进行切削形成模具形状（图9-9）。喷涂过程如果不均匀，就会使凝固形成的聚氨酯泡沫不够密实、质地不均、有气泡，从而导致模具在使用时出现不均匀变形。对于人工合成的材料，在加工过程中要对生产工艺和操作人员进行严格把关，否则生产出来的材料就会产生误差。

9.3.2 加工工具误差

加工工具误差来自于工具本身，以及操作工具过程所产生的误差。工具本身误差是由工具的特质带来的，比如钻头的直径决定了钻孔的精度。减小工具本身误差需要选择精度较高的工具，但提高加工精度，有时意味着延长加工时间，增加加工成本，在实际操作过程中应该综合考虑精度、工期和成本，比如采用刀具作为切削工具时，刀具的尺寸直接影响切削的精度，刀具钻头的直径从2mm到20mm不等，通过更换不同直径、形状的切削头，可以调节切削的效果和精度。在使用三维数控

图9-9 聚氨酯泡沫发泡过程
（来源：李晓岸提供）

铣床对块材进行切削时，一般在开始阶段使用较大尺寸的切削头对块材进行粗加工，尽快去除多余材料，之后再换成小尺寸的切削头进行精细的雕刻。

数控加工机器本身的误差，一部分由机器前端的运动所致，这部分误差较小，一般在±2mm以内；另一部分为机器前端连接的切具所造成，切削用具包括刀具、激光束、等离子弧和水刀等，通过移动机器前端以及切具，将加工对象制造成所需形状，但在这个过程中，也会产生一定的误差。激光切割的切口很窄，只有约0.1~0.5mm，是精度非常高的加工方式；等离子弧切割方式是借助高速热离子气体熔化，并吹除熔化的金属而形成切口，切口范围比较大，一般在5mm以上，精度稍低。

数控机器加工过程中也需要技术人员进行操作，人为操作作为一种因素，如果操作方式不当，也会导致一定误差的产生，另外在数控加工的过程中，构件的定位、切割用具的校准等如果不符合要求，也会产生误差。

9.3.3 加工工艺误差

加工工艺的好坏也可能导致构件的实际尺寸与构件设计尺寸产生差别，这主要受制于工艺的合理性、温湿度等操作环境、工人操作水平等因素的影响。在实际加工过程中，一个构件的加工往往需要多个工序，各个工序之间的衔接得当与否会产生一定的误差。

比如在武汉凯迪合成油主门卫的FRP屋面板单元建造过程中，虽然聚氨酯泡沫芯材是采用数控机床进行加工，理论上加工精度可达±1mm以内，但表面铺设FRP树脂纤维层以及涂腻子找平等后处理工作都是人工完成的，操作过程中泡沫模具也会有一些变形，所以FRP屋面板单元制造完成后的精度并没有达到设计要求的±3mm。抽取有条形窗洞的单元进行窗洞宽度的测量，发现5个条形窗洞相同位置的宽度，误差从–2mm到+15mm不等，同一条形窗洞不同位置的宽度也有5mm的差距。

另外加工工艺还与时间安排、工序顺序、是否实时抽检等环节有关，这些方面都会产生误差。

9.3.4 构件变形

构件的变形从构件开始生产，一直到建成一段时间后达到稳定状态的整个过程中一直存在着，它包括在工厂加工变形、存放变形、从工厂到现场运输变形、现场安装变形，以及建成后的变形等。

构件变形原因可能来自于外力作用，也可能来自于构件自重以及内应力作用所引起的变形，比如在国家大剧院建造后对外壳钢结构变形进行了测定，结果发现竖向变形最大的位置在顶环梁的正北点，该点向下达到142mm的变形[151]。这类变形在设计荷载范围内，不会影响到结构稳定性，但需要在设计中考虑，比如采取反拱设计、误差预留等措施。在建造过程中，构件的运输、存放、吊装、卸载等步骤都需要采取相应的措施，控制构件因荷载因素产生的变形。超过设计荷载、爆炸、冲击等作用会造成不可逆的永久变形，这类变形会影响到结构的稳定性，甚至会出现破坏坍塌的情况。

内应力作用引起的变形主要是构件受温度、湿度变化产生，包括由构件所处环境的温湿度变化，以及构件在建造过程中加热、冷却和焊接等工艺引起。比如焊接产生的误差，在设计阶段需要合理设计焊缝的位置、焊接坡口形式，在建造阶段严格遵守焊接工艺流程，尽可能在环境稳定的工厂内进行焊接工作，采取预防变形和反向变形的措施，科学安排焊接的顺序等，否则会由此带来构件变形。

9.3.5 测量定位和精度检查误差

测量定位和精度检查误差主要来自加工和施工过程中由测量仪器、测量方法、人为读数等产生的误差，比如在施工中使用数字测量仪器，不同型号的仪器存在不同大小的误差；

全站仪的精度也一样，采用常用的2s全站仪进行高程测量的理论精度为2+2PPM，即固定误差为2mm，测距误差2PPM，每公里增加2mm，比如测距为100m时，高程测量误差约为2.2mm，1000m时误差约为4mm；另外如HDS2500型三维激光扫描仪的测距误差在50m内为6mm，超过50m后仪器测距误差随线性增加，在200m时达到42mm[153]。

造成测量定位和精度检查误差的原因有很多，以精度检查中应用的三维激光扫描方法为例，其产生误差的主要因素包括仪器误差、目标物体反射面导致的误差、外界环境误差等。仪器误差是由激光测距误差和扫描角度测量误差等系统误差造成的；目标物体反射面导致的误差，主要受目标物体反射面与仪器的角度以及表面粗糙度影响；温度、气压等外界环境因素也会对仪器的精度产生影响，特别是恶劣天气环境下，影响比较大，不适合进行测量和扫描[153]。

为了提高数字测量仪器的定位效率，并不是每一个构件都有一个对应的定位参考线或参考点，往往是一个区域内使用一条参考线，在区域内，利用卷尺、水平尺、铅垂线进行定位。定位参考线或参考点设置越密，定位精度越高，但定位工作量越大，需要平衡两者之间的关系，在满足测量定位精度的基础上，提高测量效率。

9.3.6 施工安装误差

在工厂加工完成的构件运至现场进行组装，会在定位、安装、调整等工序过程中产生施工安装误差。相比于在工厂进行加工，现场受天气影响较大，并且施工操作要比工厂内难度高得多，因此安装过程中会产生较大的误差，如钢结构的焊接，如果施工环境不利，或者工人技术不当，都会造成误差。为了减少施工安装误差，一方面要尽可能在工厂内预制构件，减少现场的工作量，另一方面在施工前制定好施工方案，严格按照操作步骤进行施工，实时监控安装精度，保证施工质量。

9.4　建造误差的控制

为控制上节所述建造阶段的各类误差，本节将从加工和施工的精度控制原则、误差的监测，以及出现超允许误差处理方法等方面，阐述建造阶段的精度控制方法。

9.4.1　加工和施工阶段的精度控制原则

在加工和施工阶段，进行构件加工和现场拼装，需要遵循加工和施工阶段的精度控制原则，包括构件加工数字化、构件组装精简化、工序安排合理化、误差监测常态化等，使得建造工作能够高效、高质量完成。

1. 加工及施工数字化

随着我国人口红利的消失，人口老龄化加剧，年轻劳动力正在减少，人工费用也在不断上涨，建筑工业正面临着转型升级。欧洲建造行业也许可以作为参照，其同样由于居高的人力成本充分利用了工业化水平高的优势，用机器来代替人工，正有效地推动建造业的逐步自动化乃至智能化。特别对于复杂度较高的建筑来说，因为构件是非标准的，需要定制化生产，利用数控机设备或智能机器进行加工将是最有效的方式。虽然我国目前由于数控及智能机器的一次性投入比较大，国内只有部分厂家拥有这类设备，但在不远的将来充分依靠数控及智能机器进行建造将是必由之路，随着技术的不断进步和数字化加工成本一定会不断下降，建筑构件加工乃至整体建筑的施工实现数字化及智能化将成为建筑工业的主流方向，数字化及智能化的加工及建造将大大提高建筑的精度。

2. 装配建造精简化

装配式建造是数字建筑的发展方向，对于一个建筑来说，特别是复杂度较高的建筑，构件的分拆以及连接节点的设计将直接影响到建造的精度。一方面要按照结构受力以及材料构造关系进行单元构件的分拆，同时又要尽量减少构件数量，另一方面，需要巧妙地进行构件连接节点设计，以降低组装难度，并保证组装的精度。构件组装的基本步骤可分为定位、安装、调整、校核，如何有效衔接各个步骤也是提高组装效率及施工精度的重要内容。

3. 加工及施工组织合理化

在建筑的构件加工及现场施工过程中，涉及不同的工种，同一工种还有不同的施工顺序，同一材料的不同形态的构件也可能由不同的厂家加工，同一时间在工地现场会有多个施工单位进行施工，如何协调好各施工单位的关系、如何合理安排加工及施工工序、如何合理安排材料及工具的存放地点、如何有效协调施工机械如吊机及脚手架等的使用等，这些问题也直接影响到建筑的施工精度。

4. 误差监测常态化

在构件加工及建筑施工过程中，对所加工的构件及施工的建筑实时不间断地进行监测是保证精度的重要环节。现场作业过程中，以满足精度为前提，应合理安排误差监测的周期，以保证误差监测效果，同时节省监测工作量。现场作业过程中预制构件会发生变形，变形随时间变化而变化，而且不是简单的线性关系，所以误差监测又需要合理的分阶段间歇性进行，以保证准确掌握实时数据。当误差监测过程中出现误差超过设计要求的情况时，应该及时采取相应措施纠正误差。

9.4.2 误差监测方法

在加工和施工过程中对误差进行监测，能够及时发现问题并解决。误差监测首先要根据工地现场情况、周围环境、施工方案等进行详细了解，并与参与建造的各方进行沟通，制定合理的误差监测方案，包括监测内容、监测点的布设、监测精度以及监测周期等方面。监测内容是根据施工现场的情况、误差来源等方面，确定监测的目标及监测方式。监测点的布设要综合考虑经济性和精确度，用最少的测量仪器和人力达到准确的误差监测的结果；监测点应布置在结构关键位置，如最大应力或最大变形出现位置，并且应安全易于通视，方便观察。监测精度的确定主要依据监测结果能否反映建筑物的误差情况，在监测之前需要预估建筑的误差，比如变形、安装误差等方面，工程中一般精度要求为预估误差的1/20 ~ 1/10，或1 ~ 2mm。此外，以满足精度为前提，应合理安排误差监测的周期[154]。

以CCTV新台址钢结构的误差监测为例，监测内容为钢结构变形监测、转换桁架测量、悬臂的预控及施工缝的监测。具体做法是轴线控制点引出观测贴片，通过高精度的激光垂准仪确定控制点高度，这种垂准仪在200m距离的中心光斑直径不到10mm，方便对准贴片的中心位置，保证测量精度（图9-10）。核心筒钢柱的水平方向变形，通过全站仪对钢柱上的反光贴片进行监测，发现问题及时校正[154]。

9.4.3 超过允许误差的解决方法

在部分项目的加工和施工过程中，由于设计考虑不周或施工质量不佳等原因，会出现实际误差超过设计范围的情况，简称为超差。为应对这种问题，应该根据实际情况通过调整建成部分的构件，或者在建造过程中临时调整设计，以保证满足建设要求。选择何种方式解决超差的问题，需要综合考虑误差的大小、分布范围、处理误差难度、成本工期等多个方面。

1. 调整建成部分的构件

出现超差问题，首先了解并利用消除误差的预案，如是否有供消除误差的构造设计，如果有预案的话，可以按预案迅速解决问题，即使预案不能完全将误差调整到设计要求范围内，也应该利用它尽可能缩小误差。如果没有预案来消除误差，应在保证工期和造价的情况下，采用尽量减少损失的办法解决问题，如用螺栓连接的建筑构件因为

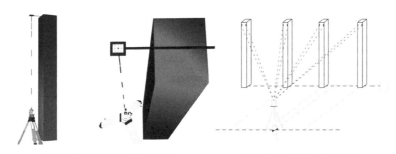

（a）主控制点垂直引测示意图　　　　（b）核心筒钢柱测量校正

图9-10　CCTV大楼钢结构误差监测方法[154]

拆装方便，可以拆除变形构件换上合适的新构件，但如果遇到焊接的金属构件，拆卸工作量大，而且会在一定程度上破坏整体结构，这种情况下，可以采用一些巧妙的办法，比如利用乙炔火焰加热钢管使钢管软化易于变形，然后通过捯链、千斤顶等工具在工地现场对构件进行变形校正来减小误差，但这种方式的效果不易保证，可调整的空间不大，同时加热变形的钢管冷却后往往会收缩回到原先的形状，应该谨慎使用。

2. 调整设计

当通过调整建成部分的构件无法将误差缩小至规定范围或代价极大时，在保证建筑使用功能和结构稳定性等条件下，只能在有较大误差的建成部分的基础上，临时调整设计，以相对较小的代价，让还未建造的部分依照已建成部分的形态更改设计进行建造。

调整设计前，首先要对误差较大的建成部分进行精确测量，了解不同位置误差的具体情况。较简单的处理方式是增加一些误差隐藏构造，遮盖住误差较大的部分，从视觉上消除误差，但实际误差是存在的。采用增加误差隐藏构造的处理方式的前提是出现的误差不影响建筑的使用功能、结构性能等要求，主要考虑视觉美观因素，可以通过腻子、胶、扣板、压条等遮盖住由于误差产生的不均匀缝隙或不平整的表面。

当工程进行到一半发现建成部分误差较大，剩下与它连接的构件如果还没有全部加工完，应当先暂停加工。根据对建成部分误差的测量结果，调整未加工的构件形状，避免出现按照原先形状全部加工完，但安装不上再返工的情况，那样会造成更大的时间和金钱的浪费，比如凯迪主门卫FRP屋面板是通过钢结构上提前焊接的连接件，固定在钢结构上的，因为钢结构安装误差，造成FRP屋面板两侧的连接件之间的宽度小于屋面板宽度，屋面板被连接件挡住，无法放置到指定位置。为解决这一问题，根据对已建钢结构的测量数据，对于还未加工的FRP屋面板单元，调整屋面板的形状设计，再按照新的设计形状进行加工，最终经过调整，所有屋面板都能安装到位。

第10章
数字建筑设计建造产业前景

随着建筑相关行业及相关学科如智能制造、材料科学、环境技术的迅速发展，特别是目前大数据、云计算、人工智能、互动技术、虚拟及增强现实技术的不断开发，数字建筑设计与数字建造又无时不在寻求与这些新兴科学与技术的结合，并在某种程度上引领着建筑行业向着新的方向拓展，从而形成新的数字建造产业网链。在这一产业网链中，房屋建筑的全过程及各专业将充分利用数字技术实现建造目标；房屋建筑的全过程包括设计阶段、构件加工阶段、施工阶段、全寿命周期的物业管理阶段等；房屋建筑的各专业包括建筑设计专业、结构设计专业、水暖电设计专业、施工组织管理专业等，以及相关行业如材料及配送、构件加工、施工机械、物业管理等。数字建造产业网链的特点在于"全过程"自始至终，以及"各专业"相互之间具有连续且共享的数字流，它从建筑方案设计开始，是经过后续阶段及各专业不断添加、修改、反馈、优化的建筑信息；以此数字流为依据，房屋建筑的物质性建造依靠互联网及物联网、CNC数控设备、3D打印、机器臂等智能机械，实现高精度、高效率、环保性的房屋建造与运维服务[155]。

10.1 建筑的智能建造

建筑设计的目的是为了房屋建造。但如果我们看一看建筑工业的现状及未来，也许能更好地认识到建筑设计的方向。现行建筑工业到了不可持续的地步，从设计到施工各环节之间衔接不当而造成巨大的浪费；施工工地带来了严重的环境污染如扬尘、噪声等；由于误差或施工质量问题造成能源极大的浪费；特别是劳动力成本的快速上升，使得人工劳动密集型的建筑构件加工及施工成本越来越高；种种问题迫使建筑工业面临升级改造。建筑工业的升级方向何在？其实，建筑工业的发展同时面临机遇，目前，被称作工业4.0的智能制造正在蓬勃兴起，虽然与其他行业相比，建筑工业比较落后，很多环节还需要向工业2.0或向工业3.0升级，但是发展的目标为工业4.0毫无疑问；这就意味着"数字建造"，进而"智能建造"成为必然。

在我国及许多发达国家，智能制造作为经济及社会发展战略，在多种行业中已经有了长足的推进，建筑行业也开始探索智能建造，如使用工业机器臂进行建筑构件加工及建筑现场施工，包括机器臂切削各种材料成型、机器臂叠层或空间打印构件、机器臂热线切割泡沫作为模具、机器臂多臂协同编织物件，在施工现场，机械臂自动砌筑墙体、机械臂绑扎钢筋、机械臂焊接作业、机械臂喷抹工作等，这些自动或智能加工和建造项目可以提升建筑质量，大大节省加工及建造过程中人力成本的付出，可以提高复杂形体加工的精度和效率；更重要的在于智能建造可以把工人从繁重辛苦的体力劳动中解放出来，进一步实现社会的平等与公平。

前述"机器臂自动砌筑系统"（第8章8.2.4节）正是以外购机器臂作为主体砌筑机械，研发者自己发明了吸砖及砂浆打印一体的前端，并外挂真空气泵及砂浆泵送系统，集成了自动砌筑机器；在迷宫花园的设计及砌筑打印过程中，首先在犀牛软

件里生成曲面墙体并布置砖块，接着设计出机械臂运动轨迹，并使用KUKA|PRC语言将其导出为机械臂可识别的程序语句；机械臂的运动动作包括用真空吸盘取砖、在指定位置放砖、翻转机械臂前端、根据砖块排布在砖面上打印砂浆等几个操作，运动轨迹命令中整合了机械臂对气泵等外部设备发出的控制指令，并经过避障设计；在程序中模拟后，由PRC导出程序用于机械臂执行，从而实现从数字模型到实际建造物的精确转化；这一自动砌筑系统的实际工作过程只需两人进行操作，一人控制键盘及程序输入，另一人准备砖块及砂浆材料，可大大减少人工的投入（图10-1）。

西班牙建筑师高迪在18世纪进行巴塞罗那圣家族教堂的设计施工时，一直通过绘制图纸并配合手工制作石膏模型来推敲方案并指导建设，该建筑采用石材作为主体结构和装饰构件，石材的加工依靠技艺高超的工匠手工雕刻作业，因而建设进展非常缓慢，而且造价高昂，前后共40余年，圣家族教堂只建成了一个耳堂和四个塔楼之一，相当于整个工程量的1/5。20世纪70年代末开始，圣家族教堂的建设运用了数字技术，如数字测量、数字建模、传统工艺与机器臂数字建造技术相结合，结果大大加快了建设进度。在构件设计、加工、建造过程中，一般先采用3D打印构件的小比例石膏模型作为参考，经设计师确认打印出的参考模型无误后，再将构件模型设计文件输入数控

（a）机器臂自动砌筑系统

图10-1　清华建筑学院砖艺迷宫花园
［来源：清华大学（建筑学院）—中南置地数字建筑联合研究中心］

（b）花园局部

图10-2 机械臂加工复杂形状的石材构件[18]

设备系统中，然后操纵机械臂对复杂的石材构件进行切割或雕刻加工，该建筑的大部分石材构件都是在工厂通过数控机器臂进行加工完成的（图10-2）。

10.2 生物材料及环境技术

绿色建筑及建筑节能概念已经深入人心，但是如何从建筑师的角度，把生态技术与建筑设计紧密结合，实现真正的可持续性建筑？生物材料及环境技术在建筑设计中的恰当运用将给建筑带来前所未有的变化。

生物材料指生物体物质构成的材料，狭义的生物材料指天然生物材料，比如木材和皮革，但它通常指经过进一步处理的现代材料。比如绿色生物复合材料由植物纤维与生物材质胶粘剂形成复合材料，它以农业纤维（如麦秆、稻壳）为主要成分，环保、经济且耐热性能好[156]，例如大麻石灰材料，可以吸收多余的二氧化碳，过滤空气中的微粒，并调节室内温度；绿色生物复合材料可广泛应用于建筑立面、屋顶、地面、幕墙、街道家具等方面，此外绿色生物复合材料也可应用于结构中，可替代钢筋提升建筑的抗震性能[157]。再如自清洁材料也是一种生物材料，它模仿莲叶结构的疏水性能，可使建筑外表面具有自清洁能力，可以解决目前建筑清洁维护难、费用高的问题[158]。还如纳米纤维复合材料可由小麦、秸秆、豆皮等农作物中提取的纳米纤维及生物质胶粘剂合成，它具有良好的力学性能和加固效能，重量轻，且可降解，可以用作结构材料或加固材料[159]。建筑设计教育中需要增加相关生物材料的知识，建筑师需要了解新材料特性，在设计上将可运用自如，创造新的建筑形象。

环境技术包括环境科学、绿色化学、环境监测、电子设备等方面，用以保护自然环境和资源，减轻人类活动的负面影响。比如智能家庭能源管理系统，可以接入并利用分布式可再生能源（间歇性的风能与太阳能），可以对家庭环境和人员行为进行智能的识别、检测与预测，以提供更舒适的环境条件[160]；使用太阳能热力系统（STSs）和太阳能光伏发电系统（PVs）可提供持续的能源来进行建筑的制冷与制热。再比如遵循生物的原则，运用感应材料，替代传统的机械装置，建筑可以敏锐地感受并应对外部与内部条件的变化，通过形变获得更优越的环境条件，例如模拟由湿度引发的植物松果表面的张开和闭合，应用吸湿材料特性创造建筑的自动应答系统，这样可更低技、更低成本、更高效地获得建筑的节能及生态效果[161]。

要有效地运用这些生物材料及环境技术，应该从建筑设计教育开始。首先，应该充分了解能量的捕获与形态生成之间的关系，对建筑形态与可持续的生态技术之间的有机结合进行探索性教学及研究；其次，应该更深刻认知建筑各部分功能与能量源之间的关系，使得建筑不仅在功能层级上更好地合作，还需要在能量层级上相互配合；再者，应该具有建筑智能化管理的设计意识，在关注建筑各方面能耗的同时，也应对使用者的行为进行更深层研究，使得建筑能源管理更人性化、更高效、更智能。

10.3　互动建筑

通过对现代主义建筑的反思，人们已确认建筑居所不能仅仅只有建筑单体本身，场所概念是对建筑（Building）定义的拓展，场所由建筑、人及环境三者组成，这三者之间的积极互动才能营造宜居的建筑场所。当我们分别考察这三要素时发现，人在活动及参与事件过程中表现出的行为无疑是动态的，建筑环境随着自然因素如日月星辰、风霜雪雨、季节更替的变化而不断地变化；通过参数化设计方法，这种动态性可以反映在设计过程当中，并可求得一个最优解来满足各种灵活多变的设计需求。但是，建筑一旦建成，就再也不会有动态的表现。那么，如何能让建筑（设计建造的结果）随着人、环境的变化而变化，以便真正实现建筑、人及环境三者之间的积极互动[162]？

互动式建筑（Interactive Architecture）的发展正是为了解决这一问题。在建筑场所这一系统中，互动式建筑可以主动捕捉人的活动、环境因素的变化信息，经过中枢系统的处理产生新的信息指令，并传递给动力机械系统带动建筑的局部乃至整体进行运动及变化，建筑可展现其最佳形态，以使场所处于最好的宜居状态。互动式建筑与人、环境之间能够无限循环地进行信息交流，互为主体和客体，是一个对话的模式，任意一个信息的改变都会带动整个建筑场所系统状态的改变。"动态"以及"持续变化"是互动式建筑的主要特点，它具有自适应的能力，与生物一样，建筑也可以不断地调整自己的状态以适应环境，从这点来说，互动式建筑其实真正地使建筑像自然界的生物一样，具有了生命性。

互动式建筑的基本组成为三个系统：传感系统、中央处理系统和动力机械系统。传感系统利用传感器对外在环境信息进行收集；中央处理系统通过相应的计算机程序对收集到的信息（初始信息）进行分析整合，再通过需求程序产生新的信息指令进行传递；动力及机械系统接受中央处理系统的指令，推动互动建筑的结构或构件进行运动，从而互动式建筑的形体及空间产生变形，以展现最佳形态。这样建成环境可以对自身进行重新配置，从而建立人与建筑、人与环境、环境与建筑进行信息交流的渠道，这将打破建筑必须是稳态、固化的传统建筑范式。

受情景主义思想的影响，戏剧制作人琼·小伍德（Joan

Littlewood）20世纪60年代致力于即兴喜剧的发展，对这种戏剧模式的追求后来演化成了一种对情景空间的研究。1961年，她提出了"趣味实验室（A Laboratory of Fun）"的想法，一个场地在不同的时间可以有不同的功能，人们在这个场地里可以自己设定自己的行走路线和不同的行为，建筑具有跟随行为的临时性，建筑的材料应该多采用充气式材料及可伸缩式材料，以方便建筑的移动、扩张和消解。"趣味实验室"的设想可以看作互动式建筑最早的雏形。

1962年，英国建筑师塞德里克·普莱斯（Cedric Price）与琼·小伍德合作，试图在伦敦东部泰晤士河旁边的一块场地上实现"欢乐宫（Fun Palace）"的设计与建设，建筑看上去像没有建完或者像没有拆完一样，由许多巨型脚手架构成，建筑本身具有即兴的特征，无间断地改变其形态——装配或消减，它是一个"具有社交性质的互动机器"。"欢乐宫"白天作为公共空间存在，为市民提供学习或者娱乐的场所，晚上则可以利用预制模块将其装配成工人们休息的场所，并且它还会自发地创造一些新的功能空间；次年普莱斯又请了英国控制论研究的奠基人戈登·帕斯科（Gordon Pask）来作为"欢乐宫"的电子系统顾问。虽然"欢乐宫"最终没有建成，但是作为第一个将信息技术以及互动的思想注入建筑中的设计，它有许多值得借鉴的地方。

1986年，伊东丰雄设计的日本横滨"风之塔"可以说是交互式建筑最早的形式之一。建筑立面上的灯光会随着周围环境的风的方向和速度而发生变化，伊东丰雄首次提出了利用环境的物理因数来对建筑的立面灯光进行控制，从而展现建筑与环境的互动。

1987年，让·努维尔设计的巴黎阿拉伯世界研究中心的立面则是采用了互动式技术来实现其开窗的变化。建筑的立面由成百上千个相同的单元构件构成。这些单元构件可以自动感应建筑外部的光线强弱，从而改变构件中心孔洞的半径大小，实现建筑立面与环境的互动。

随着数字技术的飞速发展，互动式建筑装置的研究及制作也迅速产生。加拿大建筑师菲利普·比斯里（Philip Beesly）从1996年便开始进行互动式装置的研究，他的作品大多是通过研究网状结构的收缩扩张来实现互动式装置在形态上的变化，同时，装置配以羽毛、灯光、塑料薄片等轻盈的材料，可以与人互动，并产生梦幻感。

麦克·福克斯（Michael Fox）是研究互动式建筑的重要建筑师之一，并且著有*Interactive Architecture*一书。该书系统地介绍了互动式建筑的发展历史及建造方式，并介绍了一些互动式建筑装置作品。福克斯认为现在已经不再是问"建筑是什么"的时代了，而是应该问"建筑可以做什么"。同时，福克斯自己也进行了一些互动式装置的实践，他设计的互动式装置Bubble是一个在城市尺度上适应性较强的空间气动装置，装置由几个大型的气球状布料组件构成，可以根据人所处的位置变换气球的体积大小。

美国麻省理工学院（MIT）建筑系的副教授马克·格瑟（Mark Gourthone）设计建造的Aegis Hypo-surface互动墙面装置是互动建筑装置中具有代表性的作品，墙面可以通过传感器对外界的多种信息进行收集并统计分析，而后转换成指令通过气缸驱使墙面，产生亲和周围人群的层层涟漪式的变化，以此完成与外界信息的互动。

美国麻省理工学院的数字媒体实验室（MIT Media Lab）设计的"拥抱墙（HUG）"便是从人的行为活动角度，设计建成的结构变形的互动建筑装置，拥抱墙上有许多蝴蝶状的单元，当人们从前方经过的时候，蝴蝶会象征性地闪动翅膀，当人们靠近墙站立几秒后，蝴蝶的翅膀会翻转下来形成一个私密空间，将人包围在其中。

美国哈佛大学设计学院（Harvard GSD）近期有不少互动装置作品产生，如作品"Cloud"能够自主地分析周围的光线、声音、温度、湿度等信息，并根据周围人群的状态及天气情况进而让装置展现出不同的颜色变化。

清华大学（建筑学院）中南置地数字研究中心最近在河北张家口下花园武家庄村建成一个实验性互动式建筑作为村里的旅游接待亭，该建筑才28m²，为不规则十二面体，形似钻石。在这建筑里安装了互动系统，室内设有温度传感器、室外设有湿度传感器及风力传感器，这些传感器收集到的信息会集中到软件控制系统，经过分析判断，中枢控制系统将发出指令，推动机械气缸导致钻石十二面体的其中三个面产生开合。当刮风或下雨时，活动面板将自动关闭；当室内温度小于16℃时，面板也会自动关闭，并自动打开地暖；当温度大于26℃时，面板也会自动关闭，并自动打开空调制冷；同时三块面板完全打开时，该建筑是一个舞台，可供文艺演出。

10.4 虚拟现实及增强现实（VR&AR）

虚拟现实指通过计算机创建一种可体验的虚拟仿真环境，它由多源信息融合，是交互式的三维动态视景和实体行为仿真，使用者可沉浸到该环境之中；增强现实指把虚拟世界的信息与现实世界的信息集成在一起，并被使用者所感知，从而达到超越现实的感官体验。这两个技术与建筑的结合会在很大程度上改变设计与建造的方法。

自计算机在建筑行业普及以来，它不仅仅改变了建筑图纸的绘制方式，更重要的是改变了建筑设计的思考逻辑、方法和过程。正如安托·皮康（Antoine Picon）在《建筑和虚拟：走向新物质性》一书中所述，建筑在设计过程中去物质化的虚拟表现和真实现实相互博弈。真实的建造结果依赖于虚拟数字媒介中的叙事和思考。传统的建筑师仅能够控制描述物体的静止状态，而当代建筑师则可以在屏幕上实现实时的操纵、改变和跟踪集合体，并且可以用绘图中不可实现的方式扭曲表面和提亮[163]。这一变革解释了现在大量建筑中拓扑和流动形体的产生。虚拟现实及增强现实技术自大规模民用化以来，涌现出了大量与建筑相关的创业公司和技术。除了本身的纯粹技术特点，更加值得思考的是虚拟现实及增强现实技术将如何改变建筑的表现、叙事和思考方式，从而更为深远地影响建筑设计的未来。相较于传统平面性的或材料模型的设计和表现的办法，虚拟现实及增强现实技术能够带来足尺度沉浸式的体验。它不仅可以低成本地模拟真实建筑环境，实现实时和环境的直观交互，并且同时能够将人在环境中的行为量化追踪，全方位收集建筑空间环境同用户行为关系的大量数据，并通过分析统计对数据信息进行深挖。因此，建筑作为围绕空间体验和用户生活使用功能所展开的学科，虚拟现实及增强现实技术在其中的应用具有极大的想象空间，我们可以在建筑项目和研究之中从空间表现、用户行为、建造辅助、性能评估等多角度切入，探索虚拟现实及增强现实技术在建筑行业中从设计到施工及后期评估的全周期中的应用可能。

对建筑设计来说，运用虚拟现实技术可以将建筑师的设计以仿真三维动态场景的方式展现给建筑师、甲方，或其他人，人们可以身临其境地即时看到设计结果、判断好坏、进行修改，它可以为我们提供更加人性化的视角来体验设计，比如我们已习惯于宏观的、大视角的表现设计，建筑透视图不是鸟瞰也不是建筑全景透视，但是在虚拟现实技术条件下，我们可以像在真实的建筑中那样体验到建筑环境，这时候建筑师可以把设计拉到人体尺度的位置来进行，可以设想建筑师的设计将会更人性化，细节将会被突显。沉浸式和真实尺度体验方式，降低了用户理解建筑空间的认知门槛，同时使得例如视线、空间、细节材质等难以在效果图中体现的建筑元素得到放大和关注，让非专业人士对所塑造的虚拟的建筑空间可以有一个直观真实的理解，极大地提高了对于方案的信心和沟通效率。比如诺曼·福斯特事务所应用研发小组

（Applied Research and Development）和麻省理工学院媒体实验室等尖端研究机构中，设计师试图将虚拟现实、增强现实、三维扫描、人类视觉等多维技术融合，探索可以将虚拟世界同现实世界融合的全新交互机制和平台。其中，不少研究将虚拟数字世界中的决策及变更同数字信息技术相结合，使得空间体验、建筑设计、信息化模型、施工建造可以无缝对接。

人的行为是建筑空间组成的重要元素。但是在传统建筑设计手段中，由于技术的限制，在建成前设计师无法测试用户对所设计空间的真实体验和使用方式。由于人在设计方案中的行为难以量化描述，因此设计师往往采用较为宏观的功能分区、人行流线等方式主观规定空间使用的方式，又或是套用人体尺度等通用的模板机械性地定义空间，难以以真实的用户行为为出发点进行设计。因此，常常出现建筑建成后真实的功能空间的使用方式和设计意向相距甚远。虚拟现实技术不仅可以模拟空间体验，更重要的是在数字化的虚拟环境之中，诸如路线、停留时间、视线、特定交互行为等行为信息均可以被完整地监控、记录、统计。虚拟现实技术作为连接用户行为和虚拟数字信息的桥梁，为如何将人的真实行为引入建筑设计之中提供了全新的可能性。

另一方面，增强现实技术与设计建造相结合，在复杂空间定位、多系统协调、建造可视化辅助、协同设计及使用者参与设计等多方面发挥优势和潜力。比如戴上Hololens眼镜，人们可以看到虚拟设计与所在地的真实环境的叠合视景，这样可以在现场进行设计，可以对着模型进行设计，在现场进行设计施工的直接定位，特别是对于复杂形体的设计建造提供了方便的实施手段。以做一个复杂形体的装置模型为例，戴上增强现实眼镜，虚拟的复杂图形可以作为一个引导在空中出现，装置材料可以准确地被放置在设计的位置固定，原本难以实现的复杂装置在这里实施起来就变得非常容易，这样的方式用于建筑的施工，将会改变许多现有施工方法，为

图10-3　小渕祐介（Yusuke Obuchi）的ADS亭
（来源：小渕祐介提供）

建筑的设计施工带来方便。东京大学的小渕祐介教授在建筑构筑物的搭建当中，利用增强现实技术与空间扫描进行复杂空间定位的追踪和对建造者的实时引导，来精确地理解在生产制造过程中的空间三维坐标，并利用智能手机或平板电脑作为理解周边环境的工具，其所收集的信息将通过处理成为现实和虚拟物体之间的纽带（图10-3）。可见，通过虚拟现实技术的使用，工人可以快速实验和学习新的建造及装配技术，在施工过程中可以将建筑信息模型与实际空间相叠加，引导辅助工人完成复杂工艺，提高建造效率。随着建筑产业的升级和人口红利的逐渐消失，施工建造逐渐将以较高素质的专业工人代替传统的农民工，而虚拟现实技术由于其仿真、直观、高效、价格低廉等特性，将在未来的施工领域有巨大的发展空间。[164]

　　虚拟现实及增强现实的进一步发展，虚拟场景与建筑空间环境的叠合将不再仅仅作为引导或辅助手段，而是作为现实生活环境而存在，那么，建筑设计的内容将不仅是对建筑物质空间及形式的设计，而且也将包括对虚拟建筑空间内容的设计，虚拟的空间、形式、材料、色彩、声光环境也将成为建筑师设计的一部分，可以预言，建筑师的工作内容及手段将在不远的时日发生巨大的变化。

10.5　人工智能（Artificial Intelligence）

　　人工智能正在推动着各行各业的变革，同样也在影响着建筑业，包括建筑设计、建筑结构、建筑环境控制、建筑材料生产、建筑施工等。

小库（XKOOL）是建筑设计行业最有影响的人工智能设计软件平台，它依靠深度学习、大数据和智能显示等多种技术，建立起简单易用的云端操作界面，设计师无需下载安装和升级软件，只需要一台联网设备就能在小库智能设计云平台上进行工作，该平台提供基地评估、智能设计、智能PPT等功能，建筑师可以轻松完成小区规划、城市设计和建筑设计前期工作。它对于开发商在获取土地过程中所需的建筑设计可行性方案来说，提供了高效快速、易修改的多方案生成功能，只需要输入基地条件和容积率等要求，就可以利用计算机的计算能力枚举出海量可能的设计方案，供建筑师选择。这样大大减轻了建筑师在这一阶段的投入，把建筑师从繁重重复的劳动中解放出来。

在单体建筑设计方面，自动生成具有著名建筑师设计风格的设计方案已经被谈论得很多了，对于任意一个计划建设的建筑项目而言，能否通过计算自动生成具有诸如扎哈风格、安腾风格，亦或莱特风格的建筑方案？从今天已有的人工智能的学习算法、大数据分析技术以及计算速度来看，已经指日可待。但是，自动建筑设计的终极目标是通过机器智能来替代建筑师进行任一项目的设计生成以及设计深化。要实现这一目标，我们目前还缺少对作为人类建筑师的设计创意智能研究，如果可以破解优秀建筑师创造建筑设计作品的创意密码，从而找到创意算法，就能真正让机器替代建筑师进行自动设计了，这需要脑科学专家、神经医学专家、认知心理学家、计算机专家以及建筑设计方法专家通力合作才能完成这一建筑使命；当然要实现这一目标需要更快的计算速度，目前计算机的计算能力还不能完成这一任务，期待量子计算机的早日面世，这一愿望的实现将会越来越近。只要建筑科学学者执着坚持这一目标的开拓，可以预言，在不远的将来，建筑师将会成为一个符号永远留在建筑历史的长河之中，建筑师这一职业将会被彻底取代。

另一方面，人工智能也正在影响着建筑的加工建造。这里举一个清华研究生的设计研究例子，该课题要求使用橡胶材料，设计出如图10-4所示的装置的每一榀不规则拱架的变截面形式。如果按照已有的方法进行计算的话，因为缺少橡胶材料的性能参数，因此无法完成设计目标。要解决这一问题，这一课题的研究运用了深度学习算法、大数据技术及计算，并进行模拟最终获得不规则拱架的变截面形式。实验的设计基于让机器去学习材料的对应关系，即线性材料受弯性能与材料形状之间存在直观的对应关系。在给定初始点和初始角度之后，线性材料的空间弯曲曲线和曲线材料的形状相关，但这种关系又不是单纯的线性相关，是某一段材料的形状与周围形状之间共同作用所得到的结果；这次试验决定选取材料横截面与材料曲线这一对关系作为机器学习的输入与输出，期望机器学习模型可以学习到这两者之间的对应关系；在此基础上，输入设计目标的不规则拱架曲线，从而使用机器学习模型计算出橡胶不规则拱架的变截面形式。试验过程中，使用了22条橡胶，借助两个机器臂抓住橡胶条两端进行协同运动，并用摄像机记录运动轨迹，从34段视频、7279张图片中，通过图像识别获得14多万个形态数据，并通过基于神经网络的机器学习系统，建立起橡胶材料的性能模型。图10-4为使用该次试验获取的模型计算出的变截面不规则拱架组成的装置。上述实验可以表明人工智能不仅可以让建筑的建造更合理、更优化，从建筑设计的角度来说，形状可能更优美、更生动。它对建筑行业的影响不可低估。

目前人工智能的成果还非常有限，要发展人工智能首先要研究人类智能，因为人工智能是人类智能的模拟，目前我们对人类智能了解得很少，我们肩负着破解人类智能的重任，并进而把人类智能应用于人工智能，让人工智能造福于人类。

图10-4　清华研究生材料编程设计研究
（来源：王靖淞提供）

索 引

参考文献

［1］徐卫国. 非线性建筑设计［J］. 建筑学报，2005（12）：32–35.

［2］汪明安. 德勒兹的世纪. http：//www.360doc.com/content/06/0806/23/2311_175，2000.

［3］Neil Leach［ed］. Designing for a Digital World［M］. Italy：Wiley & Sons Ltd.，2002：108，Patrik Schumacher. Robotic Fields：Spatialising the Dynamics of Corporate Organisation.

［4］徐卫国. 有厚度的结构表皮［J］. 建筑学报，2014（8）：1–5.

［5］尼尔·林奇，徐卫国. 涌现——学生建筑设计作品［M］. 北京：中国建筑工业出版社，2006：6.

［6］王蔚. 探索数字时代的建筑设计和教育——纽约哥伦比亚大学无纸设计工作室管窥. 世界建筑，2003（4）：110–113.

［7］P. Testa, U.M. O'Reilly, M. Kangas, A. Kilian. MoSS：Morphogenetic Surface Structure—A Software Tool for Design Exploration. Proceeding of the Greenwich 2000：Digital Creativity Symposium.

［8］徐卫国.涌现：非线性建筑探索［J］. 百年建筑，2006（9）：86–91.

［9］尼尔·林奇，徐卫国. 快进>>，热点，智囊组［M］. 香港：Map Office Publisher，2004：158–161.

［10］Centre Pompidou. Architecture Non Standard［M］. Paris：Centre Pompidou，2003.

［11］麦克·卫斯托克. 进化设计及数字建造. 涌现设计网新闻1号，2006.

［12］尼尔·林奇，徐卫国. 涌现——青年建筑师作品［M］. 北京：中国建筑工业出版社，2006：21，32–35.

［13］尼尔·林奇，徐卫国. 数字建构——青年建筑师作品［M］. 北京：中国建筑工业出版社，2008：22，28–31.

［14］Charles Jencks. Nonlinear Architecture：New Science = New Architecture?［J］. AD，1997，AD Profile（129）：6.

［15］a+u编. 结构及材料［J］. a+u，2005（1）：76，98.

［16］袁烽，尼尔·里奇. 探访中国数字建筑设计工作营［M］. 上海：同济大学出版社，2013.

［17］ Reiser+Umemoto. Atlas of Novel Tectonics［M］. New York：Princeton Architectural Press，2006.

［18］ Mark Burry. Scripting Cultures：Architectural Design and Programming［M］. United Kingdom：John Wiley and Sons Ltd.，2011.

［19］ Patrik Schumacher. The Autopoicsis of Architecture（Vol. I，Vol. II）［M］. United Kingdom：John Wiley and Sons Ltd.，2011，2012.

［20］ 李飚. 建筑生成设计［M］. 南京：东南大学出版社，2012.

［21］ 徐卫国. 数字图解［J］. 时代建筑，2012（5）：56-59.

［22］ 袁烽. 从数字化编程到数字化建造［J］. 时代建筑，2012（5）：10-21.

［23］ 李飚，郭梓峰，李荣. "数字链"建筑生成的技术间隙填充［J］. 建筑学报，2014（8）：20-25.

［24］ 徐卫国，陶晓晨. 批判的"图解"——作为"抽象机器"的数字图解及现象因素的形态转化［J］. 世界建筑，2008（5）：114-119.

［25］ 刘杨. 基于德勒兹哲学的当代建筑创作思想研究［D］. 哈尔滨：哈尔滨工业大学，2013.

［26］ 徐卫国. 数字建构［J］. 建筑学报，2009（1）：61-68.

［27］ 袁烽，肖彤. 性能化建构——基于数字设计研究中心（DDRC）的研究与实践［J］. 建筑学报，2014（8）：14-19.

［28］ 方立新，周琦，孙逊. 数字建构的反思［J］. 建筑学报，2011（10）：90-94.

［29］ 徐卫国. 参数化设计与算法生形［J］. 世界建筑，2011（6）.

［30］ 李飚，韩冬青. 建筑生成设计的技术理解及其前景［J］. 建筑学报，2011（6）.

［31］ 高岩. 参数化设计——更高效的设计技术和技法［J］. 世界建筑，2008（5）：28-33.

［32］ 李晓岸. 非线性建筑设计、加工、施工中的精度控制［D］. 北京：清华大学，2016.

［33］ 袁烽，葛俩峰. 用数控加工技术建造未来［J］. 城市建筑，2011（9）：21-24.

［34］ 吴今培，李学伟. 系统科学发展概论［M］. 北京：清华大学出版社，2010.

［35］ 黄欣荣. 复杂性科学与哲学［M］. 北京：中央编译出版社，2006.

［36］欧阳莹之著. 复杂系统理论基础［M］. 田宝国，周亚，樊瑛译. 上海：上海科技教育出版社，2002.

［37］吴彤. 复杂性概念研究及其意义［J］. 中国人民大学学报，2004（5）：2-9.

［38］谢光辉. 汉字字源字典［M］. 北京：北京大学出版社，2000.

［39］A. Isaaca, ed. Oxford Dictionary of Science［M］. Oxford：Oxford University Press，1997.

［40］黄欣荣. 复杂性科学的方法论研究［M］. 重庆：重庆大学出版社，2006.

［41］Weaver，Warren. Science and Complexity［J］. American Scientist，1948，36（4）：536-544.

［42］堵丁柱，葛可一，王洁. 计算复杂性导论［M］. 北京：高等教育出版社，2002.

［43］威塔涅著. 描述复杂性［M］. 李明译. 北京：科学出版社，1998.

［44］Oosterhuis K. Programmable Architecture［M］. Roma：l'Arca Edizioni，2002.

［45］Oosterhuis K. A New Kind of Building［M］//Disappearing Architecture. 2005：90-115.

［46］Oosterhuis K. Simply Complex, toward a New Kind of Building［J］. Frontiers of Architectural Research，2012（1）：411-420.

［47］Hovestadt V, Hovestadt L. The Armilla Project［J］. Automation in Construction，1999（8）：325-337.

［48］Hovestadt L. 超越网格——建筑和信息技术建筑学数字化应用［M］. 李飚，华好，乔传斌译. 南京：东南大学出版社，2015.

［49］Hovestadt L, V. Bühlmann, eds. Eigen Architecture：Computability as Literacy［M］. Vienna：AmbraV，2014.

［50］Fricker P, Hovestadt L, et al. Organised Complexity［C］//Proceeding of the eCAAD 25. 2007：695-701.

［51］Balmond, Cecil, Jannuzzi. Smith, and Christian. Brensing. Informal［M］. Munich；New York：Prestel，2002.

［52］马卫东. 塞西尔·巴尔蒙德［M］. 北京：中国电力出版社，2008.

［53］Leach N. Swarm Urbanism［J］. Architectural Design，2009，79（4）：56-63.

［54］Leach N. Digital Morphogenesis［J］. Architectural Design，2009，79（1）：32-37.

［55］Johnson S. Emergence：the Connected Lives of Ants, Brains, Cities, and Software［M］. Simon and Schuster，2002.

［56］Eric Bonabeau, Marco Dorigo, Guy Theraulaz. Swarm Intelligence：from Natural to Artificial Systems［M］. Oxford University Press，1999.

［57］Guenther Witzany. Biological Self-organization［J］. International Journal of Signs and Semiotic Systems，2014，3（2）：1-11.

［58］Ashby WR. Principles of the Self-organizing Dynamic System［J］. The Journal of General Psychology，1947，37（2）：125-128.

［59］吴彤. 自组织方法论研究［M］. 北京：清华大学出版社，2001.

［60］Mehdi Khosrow-Pour. Information Resources Management Association［M］//Dictionary of Information Science and Technology（Second Edition）. Hershey PA, Information Science

Reference, 2013.

［61］Elly Vintiadis. Emergence［EB/OL］. Internet Encyclopedia of Philosophy［2018–10–19］. https：//www.iep.utm.edu/emergenc/.

［62］Beni, Gerardo. Swarm Intelligence［M］//Robert a Meyers. Computational Complexity：Theory, Techniques, and Applications. New York：Springer New York，2012：3150–3169.

［63］郭雷. 复杂网络［M］. 上海：上海科技教育出版社，2006.

［64］Duncan J. Watts, Steven H. Strogatz. Collective Dynamics of "Small–world" Networks［J］. Nature, 1998, 393（6684）：440–442.

［65］洛伦兹著. 混沌的本质［M］. 刘式达译. 北京：气象出版社，1997.

［66］Boeing, Geoff. Visual Analysis of Nonlinear Dynamical Systems：Chaos, Fractals, Self–Similarity and the Limits of Prediction［J］. Systems, 2016, 4（37）：1–18.

［67］Christopher M. Danforth. Chaos in an Atmosphere Hanging on a Wall［EB/OL］. Mathematics of Planet Earth［2019–2–2］. http：//mpe.dimacs.rutgers.edu/2013/03/17/chaos–in–an–atmosphere–hanging–on–a–wall/.

［68］Boris Hasselblatt, Anatole Katok著. 动力系统入门教程及最新发展概述［M］. 朱玉峻等译. 北京：科学出版社，2009.

［69］Craig W. Reynolds. Flocks, Herds, and Schools：a Distributed Behavioral Model［J］. Computer Graphics, 1987, 21（4）：25–34.

［70］Von Neumann J. The General and Logical Theory of Automata［M］// Von Neumann, J. Collected Works, 1963（5）：288.

［71］Von Neumann J. Theory of Self–Reproducing Automata［M］. Urbana：University of Illinois Press, 1966.

［72］Wolfram S. Statistical Mechanics of Cellular Automata［J］. Reviews of Modern Physics, 1983, 55（3）：601–644.

［73］Gardner, Martin. Mathematical Games：the Fantastic Combinations of John Conway's New Solitaire Game "Life"［J］. Scientific American, 1970（223）：120–123.

［74］Waldner, Jean–Baptiste. Nanocomputers and Swarm Intelligence［M］. London：ISTE John Wiley & Sons, 2008.

［75］徐卫国，李宁. 算法与图解—生物形态的数字图解［J］. 时代建筑，2016，（5）：34–39.

［76］孙家广，胡事民编著. 计算机图形学基础教程（第2版）. 北京：清华大学出版社，2009.

［77］Donald Hearn, M. Pauline Baker, Warren R. Carithers 著. 计算机图形学. 蔡士杰，杨若瑜译. 北京：电子工业出版社，2002.

［78］UN Studio. 从参数概念到"包含".Architectures non Standard, Editions du Centre Pompidou, Paris，2003.

［79］吉尔·德勒兹. 福柯 褶子.于奇智，杨洁译. 长沙：湖南文艺出版社，2001：198，334，375.

［80］麦永雄. 德勒兹与当代性——西方后结构主义思潮研究［M］. 桂林：广西师范大学出版社，2007：69，70.

［81］汪民安，陈永国编译.游牧思想——吉尔·德勒兹，费利克斯·瓜塔里读本［M］. 长春：吉

林人民出版社，2003：14，312，274–275.

［82］麦永雄．德勒兹与当代性——西方后结构主义思潮研究［M］．桂林：广西师范大学出版社，2007：63–66.

［83］怀特海著．过程与实在——宇宙论研究（代译序"七张面孔的思想家"）［M］．杨富斌译．北京：中国人民大学出版社，2013：9–33.

［84］曲跃厚．怀特海哲学若干术语简释［J］．世界哲学，2003（1）：19.

［85］克莱尔·科勒布鲁克（Claire Colebrook）著．导读德勒兹［M］．廖鸿飞译．重庆：重庆大学出版社，2014：151.

［86］姜宇挥．超越历史和结构的二元对立［J］．哈尔滨工业大学学报（社会科学版），2000（3）：93.

［87］陈永国．德勒兹思想要略．哲学研究网.

［88］G.勃罗德彭特著.建筑设计与人文科学［M］．张韦译．北京：中国建筑工业出版社，1990.

［89］陈政雄．建筑设计方法［M］．台北：东大图书有限公司，1978.

［90］［德］汉诺—沃尔特·克鲁夫特著．建筑理论史：从维特鲁威到现在．王贵祥等译．北京：中国建筑工业出版社，2005.

［91］［美］肯尼斯·弗兰姆普敦．现代建筑：一部批判的历史．张钦楠等译．北京：生活·读书·新知三联书店，2004：165.

［92］［美］彼得·埃森曼编著．图解日志．陈欣欣，何捷译．北京：中国建筑工业出版社，2005：28.

［93］R·E·索莫尔．虚构的文本，或当代建筑的图解基础［M］//［美］彼得·埃森曼编著．图解日志．陈欣欣，何捷译．北京：中国建筑工业出版社，2005：17–18.

［94］El Croquissl. Oma Rem koolhaas［Ⅱ］1996–2007［J］. El Croquis，2007（134/135）：62–117.

［95］a+u. Herzog & Meuron 1978–2002［J］. a+u，2002，Special Issue.

［96］Michel Foucault. Surveiller et Punir–Naissance de la prison（监视与惩罚）［M］. Paris：Editions Gallimard Paris，1975.

［97］Gilles Deleuze. Foucault（第一章第二节"新一代制图者"A New Cartographer）［M］. Les Editions de Minuit，1986.

［98］Gilles Deleuze. Foucault［M］. Translated by Sean Hand. Minneapolis：The University of Minnesota Press，1988：23–44.

［99］吉尔·德勒兹著．福柯 褶子［M］．于奇智，杨洁译．长沙：湖南文艺出版社，2001：28–49.

［100］徐卫国．参数化设计与算法生形［J］．世界建筑，2011（6）：110–111.

［101］Greg Lynn. Animate Form［M］. New York：Princeton Architectural Press，1999.

［102］Ingeborg M. Rocker. Calculus–based form：an Interview with Greg Lynn（Programming Cultures）［J］. AD，l26（4）：88–95.

［103］Neil Leach, Xu Weiguo. Fast Forward/ Hot Spot/ Brain Cell. HK：Map Book Publisher，2004：22–25.

［104］Ben Van Berkel, Caroline Bos. UN Studio：Design Models，Architecture Urbanism Infrastructure. London：Thames & Hudson，2006.

[105] Mark Burry. Innovative Aspects of the Colònia Güell Chapel Project. In Gaudí Unseen：Completing the Sagrada Famíla, Berlin：Jovis，2007：59.

[106] 吕帅. 基于数字设计方法的演艺厅堂方案生成及音质研究［D］. 北京：清华大学（指导教师：徐卫国，燕翔），2017：50-54.

[107] Alexander C. Notes on the Synthesis of Form. Boston：Harvard University Press，1964.

[108] Stiny G, Gips J. Shape Grammars and the Generative Specification of Painting and Sculpture. The Proceedings of the 2nd IFIP Congress，1971.

[109] Stiny G. Introduction to Shape and Shape Grammars. Environment and Planning B，1980，7（3）：343-351.

[110] Koning H, Eizenberg J. The Language of the Prairie：Frank Lloyd Wright's Prairie Houses. Environment and Planning B：Planning and Design，1981，8（3）：295-323.

[111] Stiny G, Mitchell WJ. The Palladian Grammar. Environment and Planning B：Planning and Design，1978，5（1）：5-18.

[112] Duarte JP. Customizing Mass Housing：a Discursive Grammar for Siza's Malagueira Houses. Doctoral Dissertation, Massachusetts Institute of Technology，2001.

[113] Li AI. A shape Grammar for Teaching the Architectural Style of the Yingzao Fashi. Doctoral Dissertation, Massachusetts Institute of Technology，2001.

[114] 王振飞，王鹿鸣. 关联设计［J］. 城市环境设计，2011（4）：235-237.

[115] Janssen P, Kaushik V. Evolutionary Design of Housing：a Template for Development and Evaluation Procedures.Proceedings of the 47th International Conference of the Architectural Science Association（ANZAScA），2013.

[116] Janssen P. Design Method and Computing Architecture for Generating and Evolving Building Designs. Doctoral Dissertation, Hong Kong Polytech University，2004.

[117] Spaeth B, Menges A. Performative Design for Spatial Acoustic：Concept for an Evolutionary Design Algorithm Based on Acoustics as Design Driver. Proceedings of the 29th International Conference on Education and Research in Computer Aided Architectural Design in Europe（eCAADe 2011），Ljubljana，Slovenia，2011：461-468.

[118] 王凤涛. 基于高级几何学复杂建筑形体的生成及建造研究［D］. 北京：清华大学（指导教师：徐卫国），2012：51-54.

[119] 李晓岸. 非线性建筑设计-加工-施工中的精度控制［D］. 北京：清华大学（指导教师：徐卫国），2016：49-58.

[120] Scott Marble. Digital Workflows in Architecture［M］. Basel：Birkhauser，2012：88.

[121] 申杰. 基于Grasshopper的绿色建筑技术分析方法应用研究［D］. 广州：华南理工大学，2012：123.

[122] Peter Szalapaj. Contemporary Architecture and the Digital Design Process. Architectural Press，2005：78.

[123] ［德］G. 森佩尔著. 建筑四要素［M］. 罗德胤等译. 北京：中国建筑工业出版社，2010.

[124] A. 路斯著. 饰面的原则［J］. 史永高译. 时代建筑，2010（3）：152-155.

［125］Eduard F，Sekler．Structure，Construction & Tectonics．Structure in Art and in Science，Brazil，1965．转引自彭怒，支文军．中国当代实验性建筑的拼图［J］．时代建筑，2002（5）：20-25.

［126］Kenneth Frampton．Studies in Tectonic Culture：The Poetics of Construction in Nineteenth and Twentieth Century Architecture．The MIT Press，1995.

［127］L.贝纳沃罗著．世界城市史［M］．薛钟灵，余靖芝等译．北京：科学出版社，2000：10-11.

［128］胡安·爱罗德·西罗特．高迪［M］．巴塞罗那：Trianglepostals，2004.

［129］GA33．布鲁斯·高夫［J］．东京：A.D.A EDITA Tokyo Co.，Ltd.，1975.

［130］渊上正幸著．世界建筑师的思想和作品［M］．覃力，黄衍顺等译．北京：中国建筑工业出版社，2000：174.

［131］孙家广，胡事民编著．计算机图形学基础教程［M］．北京：清华大学出版社，2009.

［132］彼得·卡楚尔．数字现实：泡状物专家（第一个建成项目）［M］．巴塞尔，波士顿：伯克豪瑟·沃拉格，2001.

［133］Eastman C．An Outline of the Building Description System Research Report．No.50，Inst. of Physical Planning，Carnegie Mellon University，1974.

［134］Eastman C．The Use of Computers Instead of Drawings in Building Design．AIA Journal，1975，63（3）：46-50.

［135］Laiserin J．Laiserin's Explanation of Why "BIM" should be an Industry Standard-term．URL：http：//www.laiserin.com/features/issue15/feature01.php.

［136］National Institute of Building Sciences（NIBS）．National Building Information Modeling Standard（Version1）．National Institute of Building Sciences，2007：20.

［137］Jeff Wix．Information Delivery Manual Guide to Components and Development Methods．Building SMART International，2010.

［138］徐卫国．数字工匠［M］//设计互联．数字之维上海：同济大学出版社，2017：67-77.

［139］Gloria Gerace，Garrett White．Symphony：Frank Gehry's Walt Disney Concert Hall．Five Ties Publishing Inc.，New York，2009：122.

［140］Nick Dunn．Digital Fabrication in Architecture．Laurence King Publishing Ltd，London，2012：114.

［141］百度百科 https://baike.baidu.com/item/3D%E6%89%93%E5%8D%B0/9640636?fr=aladdin.

［142］Khoshnevis，Behrokh，George Bekey．Automated Construction Using Contour Crafting—Applications on Earth and Beyond．// Nist Special Publication Sp.（2003）：489-494.

［143］装饰杂志．3D陶土打印机．装饰，2017（8）：10.

［144］Brian Peters．Building Bytes：3D-printed Bricks// ACADIA 13：Adaptive Architecture Proceedings of the 33rd Annual Conference of the Association for Computer Aided Design in Architecture．Cambridge，2013：433-434.

［145］Emanuel M，Sachs．Three-dimensional Printing Techniques.USA．No.5，204，055，1993-04-20.

［146］Enrico Dini．Method for Automatically Producing a Conglomerate Structure and Apparatus.

USA．No．8，337，736 B2，2013–11–11．

［147］A Kiviniemi. Ten Years of IFC Development．Why are we not there yet? CIB Conference Presentation，Toronto，2006.

［148］Kam Calvin, Fischer Martin, Hanninen, et al．Implementation Challenges and Research Needs of the IFC Interoperability Standard：Experiences from HUT–600 Construction Pilot．American Society of Civil Engineers, Washington DC, United states，2002.

［149］吴欣之，严时汾等．国家大剧院特大型壳体钢结构安装施工技术［J］．建筑施工，2005（6）：1–5.

［150］汪淑和，徐海燕．国家大剧院椭球壳体钢结构制造技术的探索．中国钢结构协会四届四次理事会暨2006年全国钢结构学术年会论文集［M］．2006：156–162.

［151］吴欣之，严时汾等．大型壳体钢结构安装施工与技术——国家大剧院钢结构施工介绍．中国钢结构协会成立二十周年庆典暨2004钢结构学术年会论文集［M］．2004：288–299.

［152］陈泳全．建筑的精度［J］．建筑师，2011（1）：39–44.

［153］郑德华．三维激光扫描仪及其测量误差影响因素分析［J］．测绘工程，2005（2）：32–34.

［154］周敬．大型建筑施工期变形实测与分析［D］．重庆：重庆大学，2013.

［155］徐卫国．创造建筑学新知识［J］．时代建筑，2017（3）：31–33.

［156］Dahy, Hanaa. Agro–fibres Biocomposites' Applications and Design Potentials in Contemporary Architecture–case Study：Rice Straw Biocomposites［M］．2015.

［157］Jawaid, Mohammad, Mohd Sapuan Salit, Othman Y. Alothman, eds. Green Biocomposites：Design and Applications［M］．Springer，2017.

［158］Pacheco–Torgal F, J A Labrincha. Biotechnologies and Bioinspired Materials for the Construction Industry：an Overview［J］．International Journal of Sustainable Engineering，2014，7（3）：235–244.

［159］Kalia, Susheel, et al. Cellulose–based Bio–and Nano–composites：a Review［J］．International Journal of Polymer Science，2011.

［160］Han, Jinsoo, et al. Smart Home Energy Management System Including Renewable Energy based on Zigbee and PLC［J］．IEEE Transactions on Consumer Electronics，2014，60（2）：198–202.

［161］Holstov, Artem, Ben Bridgens, Graham Farmer. Hygromorphic Materials for Sustainable Responsive Architecture［J］．Construction and Building Materials，2015（98）：570–582.

［162］徐卫国．人、环境与建筑的互动［J］．住区，2013（6）：06–09.

［163］Antonio Picon. Architecture and the Virtual：towards a New Materiality［J］．Praxis，2004（6）：114–121.

［164］罗丹，徐卫国．虚拟现实与建筑实践［J］．建筑技艺，2017（9）：36–38.

［165］徐卫国．参数化非线性建筑设计．北京：清华大学出版社，2016.

［166］邵韦平．基于整体建构与数字技术的现代性表达——凤凰中心创作回顾［J］．建筑学报，2014（5）：19–23.